本書の特色と使い方

　この本は，算数の文章問題と図形問題を集中的に学習できる画期的な問題集です。苦手な人も，さらに力をのばしたい人も，1日1単元ずつ学習すれば30日間でマスターできます。

① 例題と「ポイント」で単元の要点をつかむ

　各単元のはじめには，空所をうめて解く例題と，そのために重要なことがら・公式を簡潔にまとめた「ポイント」をのせています。

② 反復トレーニングで確実に力をつける

　数単元ごとに習熟度確認のための「まとめテスト」を設けています。解けない問題があれば，前の単元にもどって復習しましょう。

③ 自分のレベルに合った学習が可能な進級式

　学年とは別の級別構成（12級～1級）になっています。「進級テスト」で実力を判定し，選んだ級が難しいと感じた人は前の級にもどり，力のある人はどんどん上の級にチャレンジしましょう。

④ 巻末の「解答」で解き方をくわしく解説

　問題を解き終わったら，巻末の「解答」で答え合わせをしましょう。「解き方」で，特に重要なことがらは「チェックポイント」にまとめてあるので，十分に理解しながら学習を進めることができます。

JN124618

文章題・図形 **4級**

本書に関する最新情報は，当社ホームページにある本書の「サポート情報」をご覧ください。（開設していない場合もございます。）

1日 対称な図形（1）

右の図は線対称な図形です。点 A に対応する点はどれですか。また，辺 BC に対応する辺はどれですか。

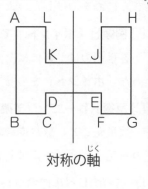

対称の軸

１本の直線を折り目にして折ったとき，両側の部分がぴったり重なる図形を線対称な図形といい，そのときの折り目となる直線を対称の軸といいます。また，二つ折りしたときに重なり合う点，辺，角をそれぞれ対応する点，対応する辺，対応する角といいます。

対称の軸で折ると右の図のようになります。

だから点 A に対応する点は ①□□□□ です。

また，辺 BC に対応する辺は ②□□□□ です。

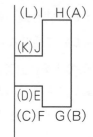

ポイント 対応する辺を答えるときは，対応する点の順になるように注意しましょう。

1 右の図は線対称な図形です。点 F に対応する点はどれですか。また，辺 AB に対応する辺はどれですか。

対称の軸

点 F に
対応する点 □□□□　，　辺 AB に
対応する辺 □□□□

2 右の図は線対称な図形です。点 B に対応する点はどれですか。また，辺 GF に対応する辺はどれですか。

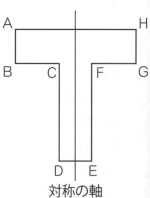

対称の軸

点 B に
対応する点 □□□□　，　辺 GF に
対応する辺 □□□□

3 たての長さが 6.4 m，横の長さが 3.5 m の長方形の面積は何 m² ですか。

```
┌─────────────┐
│             │
└─────────────┘
```

4 1 m² のかべにペンキをぬるのに，5.6 dL のペンキがいります。2.7 m² のかべをぬるには何 dL のペンキがいりますか。

```
┌─────────────┐
│             │
└─────────────┘
```

5 赤いひもが 128 cm あります。青いひもの長さは，赤いひもの長さの 0.75 倍です。青いひもの長さは何 m ですか。

```
┌─────────────┐
│             │
└─────────────┘
```

6 1 L のガソリンで 11.4 km 走る自動車があります。この自動車は 5.8 L のガソリンで何 km 走りますか。

```
┌─────────────┐
│             │
└─────────────┘
```

7 あきさんの妹の身長は 118.2 cm です。あきさんのお父さんの身長は妹の 1.5 倍です。お父さんの身長は何 cm ですか。

```
┌─────────────┐
│             │
└─────────────┘
```

2日 小数のわり算

細いはり金は 4 m で 200 円，太いはり金は 2.5 m で 200 円です。

(1) 細いはり金 1 m のねだんはいくらですか。

　1 m のねだん × 長さ ＝ はり金の代金 なので，1 m のねだんを求めるときは，はり金の代金を長さでわります。したがって，1 m のねだんは，

　①□ ÷ ②□ ＝ ③□ （円）

(2) 太いはり金 1 m のねだんはいくらですか。

　はり金の長さが小数のときも，同じようにして求めることができます。(1)と同様に，1 m のねだんは，

　④□ ÷ ⑤□ ＝ ⑥□ （円）

$$\begin{array}{r} 80 \\ 2.5{\overline{\smash{\big)}\,200.0}} \\ \underline{200} \\ 0 \end{array}$$

ポイント 小数になっても，求め方は変わりません。

1 2 L で 230 円のお茶と，1.8 L で 270 円のジュースがあります。

(1) お茶 1 L のねだんはいくらですか。

□

(2) ジュース 1 L のねだんはいくらですか。

□

2 18 L のしょうゆを 1 つのびんに 1.5 L ずつ入るように分けるには，びんが何本必要ですか。

□

3 面積が 33.6 cm² の長方形をかきます。

(1) たての長さを 3.2 cm とするとき，横の長さを何 cm にすればよいですか。

[   ]

(2) 横の長さを 4.2 cm とするとき，たての長さを何 cm にすればよいですか。

[   ]

4 すすむさんの体重は 36.5 kg，お父さんの体重は 65.7 kg です。お父さんの体重はすすむさんの体重の何倍ですか。

[   ]

5 長さ 12.7 m のテープを切って，長さ 0.8 m のテープを何本かつくりたいと思います。長さ 0.8 m のテープは何本とれて，テープは何 m あまりますか。

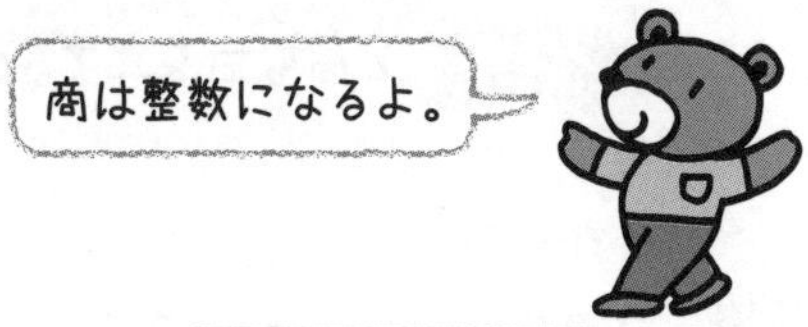

商は整数になるよ。

[   ] とれて，[   ] あまる。

6 10 L の水を 0.43 L ずつびんに分けていきます。びんは何本できて，水は何 L あまりますか。

[   ] できて，[   ] あまる。

3日 小数のかけ算とわり算 (1)

➡ 解答は 65 ページ　　　月　　　日

油 1 dL の重さは 78.5 g，ペンキ 2.5 dL の重さは 312.5 g です。

(1) 油 2.4 dL の重さは何 g ですか。

油 2 dL の重さは 78.5×2=157(g)
と求められるのと同じように，
油 2.4 dL の重さは，

①[　　　]×②[　　　]=③[　　　](g)

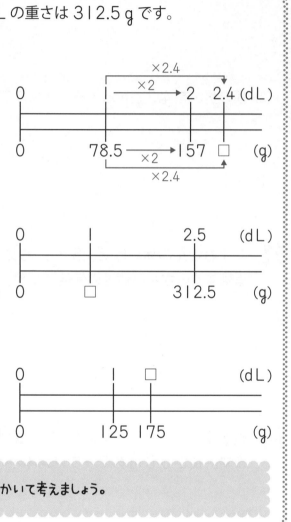

(2) ペンキ 1 dL の重さは何 g ですか。

ペンキ 1 dL の重さを□g とすると，
□×2.5=312.5 なので，

□=④[　　　]÷⑤[　　　]=⑥[　　　](g)

(3) ペンキ 175 g の量は何 dL ですか。

ペンキ 175 g の量を□dL とすると，
125×□=175 なので，

□=⑦[　　　]÷⑧[　　　]=⑨[　　　](dL)

ポイント どんな式を立てるとよいか，図をかいて考えましょう。

---

1 0.35 m の重さが 2.8 kg の鉄のぼうがあります。

(1) この鉄のぼう 1 m の重さは何 kg ですか。

[　　　　　　　]

(2) この鉄のぼう 1 kg の長さは何 m ですか。

[　　　　　　　]

2 1Lのすなの重さをはかると，1.9kgでした。

(1) このすな3.2Lの重さは何kgですか。

(2) このすな8.6kgのかさは何Lになりますか。四捨五入して，上から2けたのがい数で答えなさい。

3 白いテープの長さは1.4mで，これは赤いテープの長さの0.8倍です。

(1) 赤いテープの長さは何mですか。

(2) 赤いテープの長さは白いテープの長さの何倍ですか。

4 8.4にある小数をかける計算をするのに，まちがえて，8.4をある小数でわってしまったので，答えが10.5になりました。

(1) ある小数を求めなさい。

(2) 正しい計算の答えを求めなさい。

4日 小数のかけ算とわり算 (2)

右の図のように，1辺の長さが 7.2 cm の
正方形と，たての長さが 5.4 cm の長方形
があります。正方形と長方形の面積が等し
いとき，長方形の横の長さは何 cm ですか。

7.2cm　　　　　　　　　　　　　5.4cm

正方形の面積は，1辺の長さ×1辺の長さで求められるので，

$7.2 \times 7.2 =$ ① _____ (cm^2) になります。

長方形の横の長さを□ cm とすると，

$5.4 \times □ =$ ① _____ となり，□ = ① _____ ÷ ② _____ = ③ _____ (cm)

ポイント 面積の等しい正方形から長方形の面積がわかり，そこから横の長さを求めます。

---

1 まわりの長さが 19.2 cm の正方形の面積を求めなさい。

まず，1辺の長さ
を求めよう。

---

2 長さ 2.5 m の重さが 162 g のはり金があります。このはり金 3.8 m の重さは何
g ですか。

---

3 たくみさんの体重は 38 kg で，妹の体重はたくみさんの 0.6 倍，お父さんの体
重はたくみさんの 1.8 倍です。お父さんの体重は妹の体重より何 kg 重いですか。

4 3.7 にある数をかける計算をするのに，まちがえて，3.7 にある数をたしてしまったので，答えが 5.8 になりました。正しい計算の答えを求めなさい。

5 1 m の重さが 0.8 kg の鉄のぼうが，1 kg につき 500 円で売られています。この鉄のぼう 5.2 m の代金はいくらになりますか。

6 1 m² のかべにペンキをぬるのに，4.8 dL のペンキを使います。たて 2.5 m，横 6.3 m の長方形のかべにペンキをぬるとき，何 dL のペンキを使いますか。四捨五入して，上から 2 けたのがい数で求めなさい。

7 すすむさんは 1 歩で 0.6 m 進み，お父さんは 1 歩で 0.96 m 進みます。
(1) お父さんが 1 歩で進む道のりは，すすむさんが 1 歩で進む道のりの何倍ですか。

(2) お父さんが 500 歩で進むのと同じ道のりを，すすむさんは何歩で進みますか。

まとめテスト (1)

➡解答は 66 ページ

① はがきの長さを測ったところ，たてが 14.8 cm，横が 9.5 cm でした。はがきの面積は何 cm² ですか。(10点)

② 0.6 L の油の重さは 0.5 kg でした。この油 1 L の重さは何 kg ですか。四捨五入して，$\frac{1}{100}$ の位までのがい数で求めなさい。(10点)

③ ひまわりの高さを測ったところ，きのうは 0.8 m でしたが，今日は 1.04 m になっていました。今日の高さはきのうの高さの何倍ですか。(10点)

④ 7.5 L のガソリンで 96 km 走る自動車があります。(10点×2－20点)
(1) この自動車は 1 L のガソリンで何 km 走りますか。

(2) ガソリン 1 L のねだんが 120 円のとき，この自動車で 200 km 走るには，何円分のガソリンが必要ですか。

⑤ 18 L の牛にゅうを，0.35 L ずつびんに分けていきます。びんは何本できて，牛にゅうは何 L あまりますか。(10点)

<blank> できて，<blank> あまる。

⑥ まわりの長さが 19.2 cm，たての長さが 3.4 cm の長方形の面積を求めなさい。

(10点)

⑦ かべにペンキをぬるのに，2.4 L のペンキで 7.5 m² ぬることができます。

(10点×3 − 30点)

(1) 1 L のペンキで，何 m² のかべをぬることができますか。

(2) 27 m² のかべをぬるには，ペンキは何 L 必要ですか。

(3) たてが 2.5 m，横が 8.5 m の長方形のかべをぬるには，0.8 L 入りのペンキのかんが何個必要ですか。

➡解答は 67 ページ

6日 直方体や立方体の体積 (1)

ものの「かさ」を数字で表したものを体積といいます。

次の直方体や立方体の体積は何 cm^3 ですか。

(1)
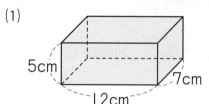

(2)
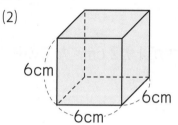

(1) 直方体の体積は, たて×横×高さ で求めることができます。

この直方体の体積は, 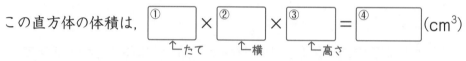 (cm³)

「cm^3」は「立方センチメートル」と読みます。

(2) 立方体の体積は, |辺×|辺×|辺 で求めることができます。

この立方体の体積は,  (cm³)

ポイント

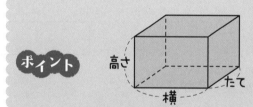

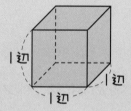

直方体の体積＝たて×横×高さ　　立方体の体積＝|辺×|辺×|辺

1 次の直方体や立方体の体積は何 cm^3 ですか。

(1)
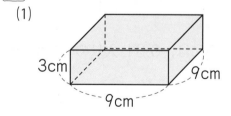

(2)
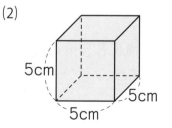

2 次の直方体や立方体の体積は何 cm³ ですか。

(1) たての長さが 10 cm で，横はたてより 2 cm 長く，高さはたてより 2 cm 短い直方体

(2) 辺の長さの合計が 48 cm である立方体

3 たての長さが 6.4 cm，横の長さが 12.5 cm の直方体があります。

(1) 直方体の高さが 5.6 cm のとき，体積は何 cm³ ですか。

(2) 直方体の体積が 500 cm³ のとき，高さは何 cm ですか。

4 右の図は，1 辺の長さが 3 cm の立方体をすきまなく積み重ねてできた立体です。

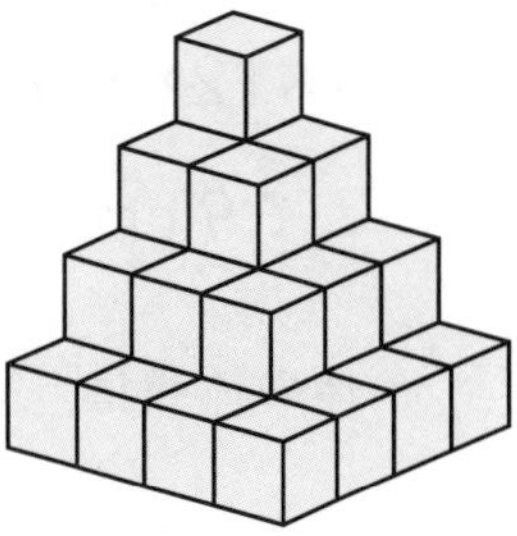

(1) 1 辺の長さが 3 cm の立方体 1 個の体積は何 cm³ ですか。

(2) この立体の体積は何 cm³ ですか。

見えていないところの立方体もしっかり数えよう。

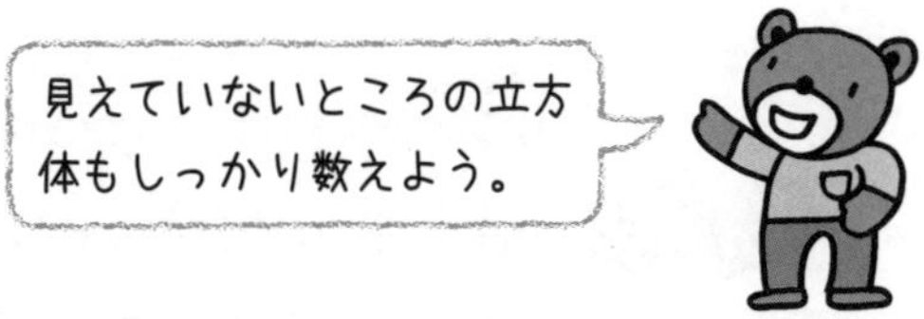

7日 直方体や立方体の体積 (2)

右の図のような, 2つの直方体を組み合わせた形の立体があります。この立体の体積を求めなさい。

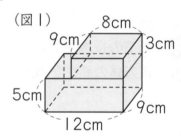

(1) 図1や図2のように, 2つの直方体に分けて求める。

図1は上が $9×8×$ ①□ $=$ ②□ (cm^3),

下が $9×12×5=$ ③□ (cm^3) なので, この立体の

体積は, ②□ $+$ ③□ $=$ ④□ (cm^3)

図2は左が $9×$ ⑤□ $×5=$ ⑥□ (cm^3),

右が $9×8×8=$ ⑦□ (cm^3) なので, この立体の

体積は, ⑥□ $+$ ⑦□ $=$ ④□ (cm^3)

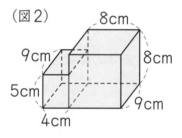

(図1)

(図2)

(2) 図3のように, 大きい直方体の体積から小さい直方体の体積をひいて求める。

たて9cm, 横12cm, 高さ8cmの直方体の体積は,

$9×12×8=864(cm^3)$

たて9cm, 横 ⑧□ cm, 高さ ⑨□ cm の直方

体の体積は, $9×$ ⑧□ $×$ ⑨□ $=$ ⑩□ (cm^3)

したがって, この立体の体積は, $864-$ ⑩□ $=$ ④□ (cm^3)

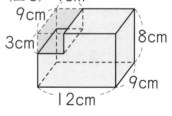

(図3)

ポイント

複雑な形をした立体の体積を求めるときは,
・直方体や立方体に分けて, それぞれの体積をたす。
・大きな直方体の体積からへこんだ部分の体積をひく。

1 右の図は，直方体を組み合わせた形の立体です。この立体の体積は何 cm³ ですか。

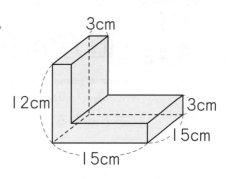

3cm
12cm
3cm
15cm
15cm

☐

2 右の図は，直方体から直方体を切り取った形の立体です。この立体の体積は何 cm³ ですか。

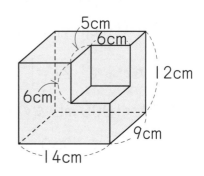

5cm
6cm
12cm
6cm
9cm
14cm

☐

3 右の図は，直方体からいくつかの直方体を切り取った形の立体です。この立体の体積は何 cm³ ですか。

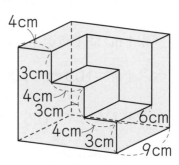

4cm
3cm
4cm
3cm
6cm
4cm
3cm
9cm

☐

4 右の図は，厚さが 1cm の木の板で作った，直方体の形をした入れ物です。この入れ物には何 cm³ の水が入りますか。ただし，底にも厚さ 1cm の板が使われています。

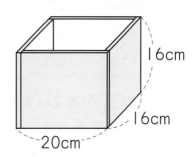

16cm
16cm
20cm

☐

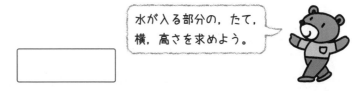

水が入る部分の，たて，横，高さを求めよう。

8日 直方体や立方体の体積（3）

次の□にあてはまる数を求めなさい。

(1) 2 L=□cm³　　　　　(2) 350 mL=□cm³

(3) 4 dL=□cm³　　　　　(4) 0.6 m³=□cm³

(1) I L は I 辺が I0 cm の立方体の体積と同じです。

　　I L=I0 cm×I0 cm×I0 cm=① [　　　] cm³

　　したがって，2 L=② [　　　] cm³ です。

(2) I L=1000 mL なので，I mL は I cm³ と同じ体積です。

　　したがって，350 mL=③ [　　　] cm³ です。

(3) I L=I0 dL なので，I dL は I00 cm³ と同じ体積です。

　　したがって，4 dL=④ [　　　] cm³ です。

(4) I m³ は I 辺が I m=I00 cm の立方体の体積と同じです。

　　I m³=I00 cm×I00 cm×I00 cm=⑤ [　　　] cm³

　　したがって，0.6 m³=⑥ [　　　] cm³ です。

ポイント

	×1000		×1000	
I mL	I dL	I L	1000L	
‖	‖	‖	‖
I cm³	I00cm³	I000cm³	I000000cm³=I m³

---

1 次の□にあてはまる数を求めなさい。

(1) 2.5 dL=□cm³　　　　(2) 0.03 m³=□cm³

(3) I.8 L=□cm³　　　　　(4) 200 mL=□cm³

2 次の ☐ の中に，L，mL，m³ のうちもっともふさわしい単位を入れなさい。

(1) 家のおふろに入る水の体積 ＝0.2 ☐

☐

(2) コップいっぱいの水の体積 ＝180 ☐

☐

(3) バケツいっぱいの水の体積 ＝5 ☐

☐

3 右の図のような，直方体を組み合わせた形の立体があります。

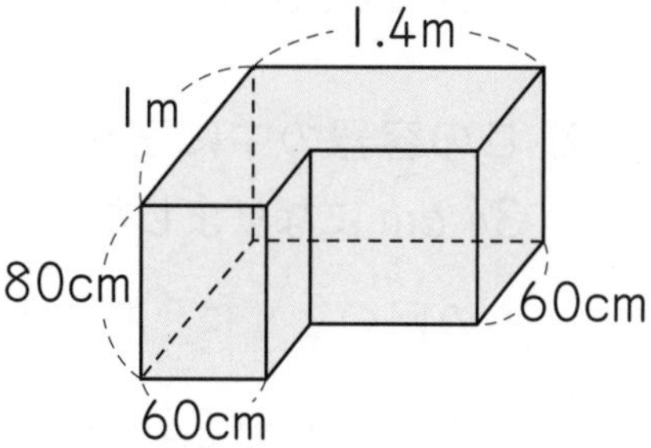

(1) この立体の体積は何 m³ ですか。

☐

1.4m
1m
80cm
60cm
60cm

(2) この立体の体積は何 cm³ ですか。

☐

4 右の図のような，たて 20 cm，横 20 cm，高さ 30 cm の直方体の形をした容器(ようき)に水を入れます。

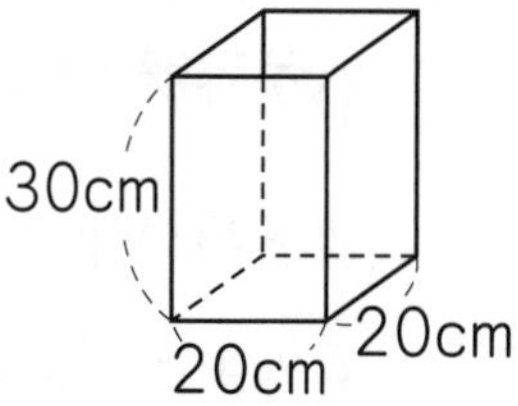

(1) 水を容器いっぱいに入れると，何 L の水が入りますか。

☐

30cm
20cm
20cm

(2) 10 L の水を入れると，水の深さは何 cm になりますか。

☐

直方体や立方体の体積 （4）

➡解答は68ページ　　月　　日

右の図のように，直方体の形をした容器に，深さ 30cm まで水が入っています。

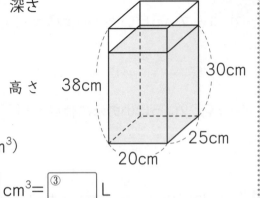

(1) 水は何 L 入っていますか。

水の体積は，たて 25cm，横 20cm，高さ 30cm の直方体と考えて，

$25 \times 20 \times$ ①⬚ ＝ ②⬚ (cm^3)

$1L = 1000cm^3$ なので，②⬚ $cm^3 =$ ③⬚ L

(2) この容器の中に石を入れたところ，石は完全に水中にしずみ，水の深さが 34cm になりました。この石の体積は何 cm^3 ですか。

右の図のように，石を水中にしずめたとき，水面が 34－30＝ ④⬚ （cm）上がっています。その分の水の体積が，しずめた石の体積と等しいので，石の体積は，

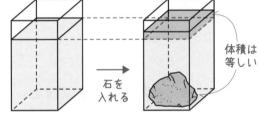

体積は等しい

石を入れる

$25 \times 20 \times$ ④⬚ ＝ ⑤⬚ (cm^3)

(3) 石のかわりに鉄でできた置き物を入れたところ，置き物は完全に水中にしずみ，水が容器から 200 cm^3 あふれました。この置き物の体積は何 cm^3 ですか。

置き物の体積は，深さ 38－30＝ ⑥⬚ （cm）分の水の体積と，容器からあふれた水の体積を合わせたものと等しくなります。

深さ ⑥⬚ cm 分の水の体積は，$25 \times 20 \times$ ⑥⬚ ＝ ⑦⬚ (cm^3)

よって，置き物の体積は，⑦⬚ ＋ 200 ＝ ⑧⬚ (cm^3)

ポイント 水中にしずめたものの体積＝増えた深さ分の水の体積＋あふれた水の体積

1 右の図のように，直方体の形をした容器に，深さ 20 cm まで水が入っています。この中に，鉄球を 1 つ入れたところ，鉄球は完全に水中にしずみ，水の深さが 24 cm になりました。

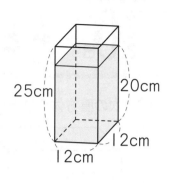

(1) 鉄球の体積は何 cm³ ですか。

(2) 同じ大きさの鉄球をもう 1 つ入れて，2 つ目の鉄球も完全に水にしずんだとき，容器から何 cm³ の水があふれますか。

2 右の図のように，1 辺の長さが 10 cm の立方体の形をした容器に石を入れ，そこに，480 cm³ の水を入れたところ，水の深さが 6 cm になりました。

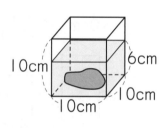

(1) 石の体積は何 cm³ ですか。

(2) 石を容器から取り出すと，水の深さは何 cm になりますか。

3 右の図のような 2 つの立方体を組み合わせた形の容器に，深さ 9 cm まで水が入っています。水を入れたまま，この容器をさかさまに置いたとき，水の深さ（図の□ cm）は何 cm になりますか。

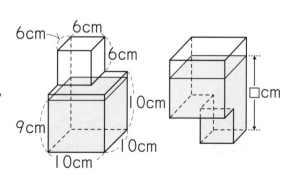

10日 まとめテスト (2)

① 次の直方体や立方体の体積は何 cm³ ですか。 (8点×2 − 16点)

(1)

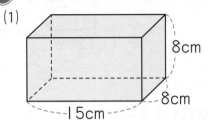

8cm
8cm
15cm

(2)

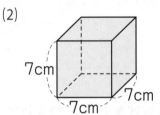

7cm
7cm
7cm

② 次の立体は，直方体を組み合わせたものです。それぞれ体積は何 cm³ ですか。

(10点×2 − 20点)

(1)

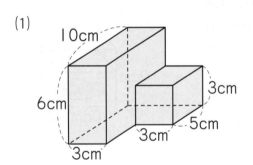

10cm
6cm
3cm
3cm
3cm
5cm

(2)

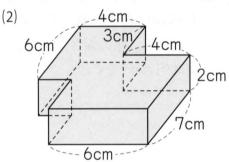

4cm
3cm
4cm
6cm
2cm
7cm
6cm

③ 次の問いに答えなさい。 (8点×2 − 16点)

(1) たて 60 cm，横 1.5 m，高さ 35 cm の直方体の体積は何 m³ ですか。

(2) たて 9 cm，横 8 cm，高さ □ cm の直方体の体積が，1 辺 12 cm の立方体の体積と等しいとき，□にあてはまる数を求めなさい。

④ 次の□にあてはまる数を求めなさい。(5点×4－20点)

(1) 560 cm³＝□L

(2) 200 L＝□m³

(3) 50 mL＝□cm³

(4) 0.35 L＝□cm³

⑤ 右の図のような直方体の形をした容器の中に，水が 4.5L 入っています。この中に，ねん土のかたまりを完全にしずめたところ，水が 360 cm³ あふれました。(6点×3－18点)

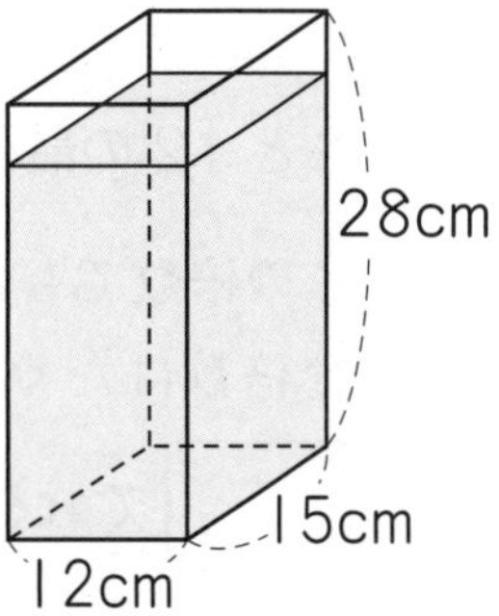

(1) ねん土のかたまりをしずめる前の水の深さは何 cm ですか。

28cm

15cm

12cm

(2) ねん土のかたまりの体積は何 cm³ ですか。

(3) このあと，ねん土のかたまりを容器から取り出すと，水の深さは何 cm になりますか。

⑥ 1辺の長さが 6 cm の立方体があります。この立方体の向かい合った面から面まで，1辺の長さが 2 cm の正方形のあなをあけ，右の図のような立体をつくります。この立体の体積を求めなさい。ただし，あなはそれぞれの面の中央にあけてあります。(10点)

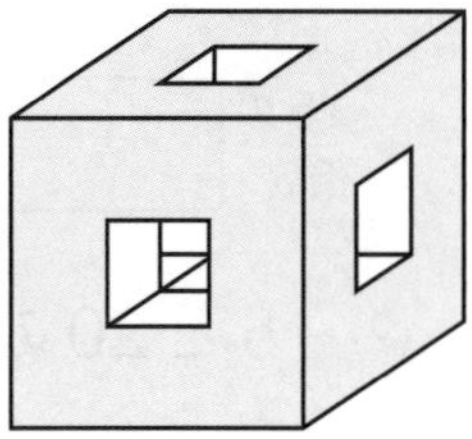

11日 倍数と約数（1）

(1) 8の倍数と12の倍数を小さい順にそれぞれ5つずつ書きなさい。

8×1＝8，8×2＝16，8×3＝24，……のように，8を1倍，2倍，3倍，……
してできる数を，8の倍数といいます。

8の倍数を小さい順に5つ書くと，8，16，24，① ⎕ ，② ⎕

12の倍数を小さい順に5つ書くと，12，24，36，③ ⎕ ，④ ⎕

(2) 8と12の最小公倍数を求めなさい。また，公倍数を小さい順に5つ書きなさい。

8の倍数でもあり，12の倍数でもある数を，8と12の公倍数といいます。
公倍数はたくさんありますが，その中でいちばん小さい数は，(1)の結果から
⑤ ⎕ であることがわかります。これを，8と12の最小公倍数といいます。

最小公倍数がわかれば，あとの公倍数は最小公倍数を2倍，3倍，……してい
くと求めることができます。8と12の公倍数を小さい順に5つ書くと，

24，48，72，⑥ ⎕ ，⑦ ⎕ です。

ポイント 公倍数は最小公倍数の倍数になっています。

1 次の問いに答えなさい。

(1) 15の倍数と20の倍数を小さい順にそれぞれ5つずつ書きなさい。

15の
倍数 ⎕ ，20の
倍数 ⎕

(2) 15と20の最小公倍数を求めなさい。また，公倍数を小さい順に5つ書きなさい。

最小公倍数 ⎕ ，公倍数 ⎕

2 6でわっても，8でわってもわり切れる整数のうち，100にもっとも近い整数は
いくつですか。

3 たての長さが15cm，横の長さが12cmの長方形
の紙を，図のように，同じ向きにすきまなくならべて，
全体が正方形になるようにしたいと思います。でき
るだけ小さい正方形にするとき，次の問いに答えな
さい。

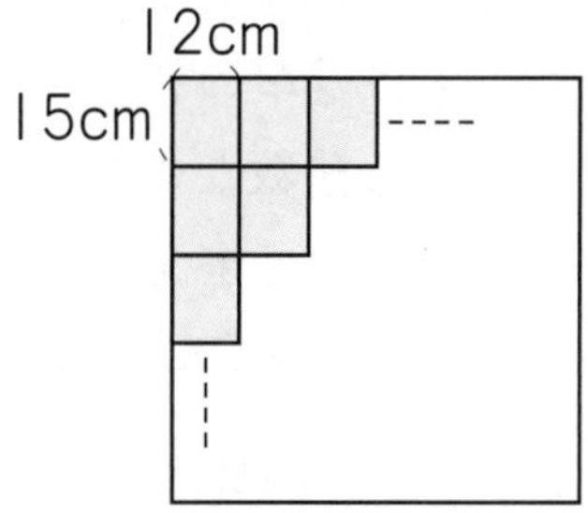

12cm

15cm

(1) 正方形の1辺の長さは何cmになりますか。

(2) 長方形の紙は全部で何まい使いますか。

4 あるバスターミナルからは，A町行きのバスが6分ごとに，B町行きのバスが9
分ごとに発車します。午後2時に，A町行きのバスとB町行きのバスが同時に
発車しました。

(1) 次に2台のバスがこのバスターミナルから同時に発車するのは午後2時何分です
か。

午後2時

(2) 午後2時から午後9時までに，2台のバスがこのバスターミナルから同時に発車
することは何回ありますか。ただし，午後2時も回数にふくめます。

12日　倍数と約数 (2)

(1) 24 の約数と 36 の約数をそれぞれ全部書きなさい。

24 をわり切ることができる整数を 24 の約数といいます。24÷2＝12 より, 2 は 24 の約数で, 24 を 2 でわったときの商 12 も 24 をわり切ることができる整数なので 24 の約数です。つまり, 答えが 24 になる 2 つの整数のかけ算の式を考えると, それらの整数が 24 の約数とわかります。

24＝1×24, 24＝2×12, 24＝3×8, 24＝4×6 より,

24 の約数は小さい順に, 1, 2, 3, 4, [①　　　], [②　　　], [③　　　], 24

同じように考えると, 36 の約数は小さい順に,

1, 2, 3, 4, [④　　　], 9, [⑤　　　], 18, [⑥　　　]

(2) 24 と 36 の公約数を全部書きなさい。また, 最大公約数を求めなさい。

24 の約数でもあり, 36 の約数でもある数を 24 と 36 の公約数といいます。公約数のうち, いちばん大きい数が最大公約数です。(1)の結果から, 公約数は

小さい順に, 1, 2, 3, 4, [⑦　　　], [⑧　　　] で, [⑧　　　] が最大公約数です。

ポイント　24 と 36 の最大公約数 → 24 をわっても 36 をわってもわり切れる最大の数
公約数は最大公約数の約数になっています。

1 次の問いに答えなさい。

(1) 28 の約数と 70 の約数をそれぞれ全部書きなさい。

28 の約数 [　　　　　　　　　　]　70 の約数 [　　　　　　　　　　]

(2) 28 と 70 の公約数を全部書きなさい。また, 最大公約数を求めなさい。

公約数 [　　　　　　　　　　] , 最大公約数 [　　　　　]

2 白い紙が 30 まい，ピンクの紙が 42 まいあります。白い紙とピンクの紙をそれ
ぞれ同じ数だけあまらせることなくできるだけ多くの子どもたちに分けます。

(1) 何人の子どもたちに分けることができますか。

[　　　　　]

(2) 白い紙とピンクの紙はそれぞれ 1 人あたり何まいずつ分けることになりますか。

白い紙 [　　　　　] ， ピンクの紙 [　　　　　]

3 たての長さが 60 cm，横の長さが 84 cm の長方形の紙
を，図のように，たて，横に切って，同じ大きさの正方
形に分けたいと思います。できるだけ大きい正方形に分
けるとき，次の問いに答えなさい。

60cm

84cm

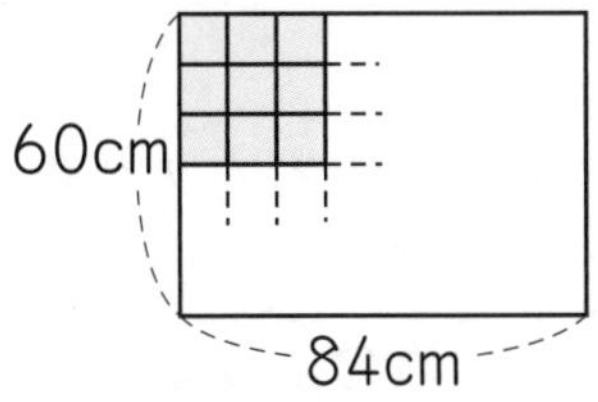

(1) 正方形の 1 辺の長さは何 cm になりますか。

[　　　　　]

(2) 正方形の紙は全部で何まいできますか。

[　　　　　]

4 次の問いに答えなさい。

(1) 41 をある整数□でわると，あまりが 6 になります。このような整数□をすべて
求めなさい。

[　　　　　]

(2) 41 と 57 をそれぞれある整数□でわると，どちらもあまりが 9 になります。こ
のような整数□を求めなさい。

[　　　　　]

13日 倍数と約数 (3)

(1) 1 から 100 までの整数のうち，次のような数は何個ありますか。

⑦ 3 の倍数

3 の倍数は 3，6，9，……，99 のように 3 ずつ増えているので，

100÷3=33 あまり 1 より，1 から 100 までに ①⬜ 個あります。

⑦ 3 と 4 の公倍数

3 と 4 の公倍数は 12 の倍数だから，100÷12＝ ②⬜ あまり 4 より，
　　　　　　↑3 と 4 の最小公倍数

3 と 4 の公倍数は ②⬜ 個あります。

(2) 次のような数は何個ありますか。

⑦ 15 の約数

かけ算の答えが 15 になる 2 つの整数は，1 と 15，3 と ③⬜ なので，

15 の約数は，1，3，③⬜ ，15 の ④⬜ 個です。

⑦ 17 の約数

かけ算の答えが 17 になる 2 つの整数は 1 と 17 しかないので，17 の約数は，

1，17 の ⑤⬜ 個です。17 のように，約数が 2 個しかない整数のことを

素数といいます。(1 は約数が 1 個なので，素数ではありません。)

ポイント 素数…約数が 2 個 (1 とその数自身) しかない整数

1 1 から 200 までの整数のうち，次のような数は何個ありますか。

(1) 8 の倍数

(2) 6 と 8 の公倍数

⬜　　　　　　　　　　　　　　⬜

2 次のような数は何個ありますか。

(1) 48 の約数

(2) 49 の約数

[   ]

[   ]

(3) 120 の約数

(4) 48 と 120 の公約数

[   ]

[   ]

3 1 から 30 までの整数の中から，素数を小さい順にすべて書きなさい。

[   ]

4 1 から 100 までの番号が書かれた 100 まいのくじがあります。このくじは，書いてある番号によって，次のように当たりとはずれが決められています。

・1 等賞…9 と 12 の公倍数の番号

・2 等賞…12 の倍数の番号（9 の倍数ではないもの）

・3 等賞…9 の倍数の番号（12 の倍数ではないもの）

・はずれ…それ以外の番号

12 の倍数の中には，9 の倍数がふくまれているね。

(1) 2 等賞は何まいありますか。

[   ]

(2) 賞品として，1 等賞はノート 5 さつ，2 等賞はノート 3 さつ，3 等賞はノート 2 さつ，はずれはノート 1 さつがもらえるものとすると，賞品のノートは全部で何さつ用意する必要がありますか。

[   ]

月　　日

14日 まとめテスト (3)

時間 ▶ 20分
【はやい15分・おそい25分】

得点

合格 ▶ 80点

点

1 次の問いに答えなさい。(6点×5 − 30点)

(1) 24の倍数を小さい順に5つ書きなさい。

(2) 64の約数をすべて書きなさい。

(3) 24と40の公倍数を小さい順に3つ書きなさい。

(4) 24と40の公約数をすべて書きなさい。

(5) 80から100までの素数をすべて書きなさい。

2 次の2つの数の最大公約数をそれぞれ求めなさい。(6点×2 − 12点)

(1) 28と42

(2) 18と35

3 次の2つの数の最小公倍数をそれぞれ求めなさい。(6点×2 − 12点)

(1) 15と25

(2) 36と45

④ 100 から 200 までの整数の中で，次のような数は何個ありますか。(6点×2－12点)

(1) 3 の倍数　　　　　　　　　　　　　　(2) 4 の倍数

⑤ たてが 40 m，横が 56 m の長方形の土地のまわりに，同じ間かくで木を植えたいと思います。4 つの角には必ず木を植えることにして，木の本数をできるだけ少なくします。(7点×2－14点)

(1) 木と木の間かくを何 m にすればよいですか。

(2) 木は全部で何本必要ですか。

⑥ 2 つの整数 A と B に対して，「A と B のうち大きい方の数を A と B の差とおきかえる」というそうさをくり返し，同じ数になったらそうさを終わります。たとえば，A が 20，B が 12 のときは，(20，12)→(8，12)→(8，4)→(4，4)となり，両方とも 4 になってそうさが終わります。(10点×2－20点)

(1) 2 つの整数が (63，28) のとき，どんな数になってそうさが終わりますか。

(2) 2 つの整数が (12，□) のとき，両方とも 1 になってそうさが終わりました。□にあてはまる 12 より小さい整数をすべて求めなさい。

15日 合同な図形 (1)

次の図のア，イの四角形は合同です。

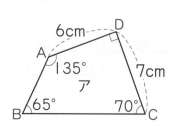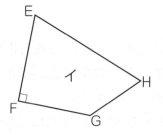

(1) 頂点 A に対応する頂点はどれですか。

　形も大きさも同じ 2 つの図形は，合同な図形であるといいます。合同な図形は，回転させたり，うら返したりすると，ぴったりと重ね合わせることができます。合同な図形どうしで，重なる頂点，重なる辺，重なる角のことを，それぞれ対応する頂点，対応する辺，対応する角といいます。下のように，向きをそろえると，対応する頂点，辺，角がよくわかります。

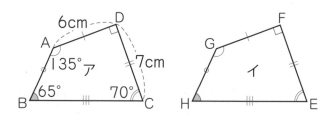

　これより，頂点 A に対応する頂点は，頂点 ①□□□ とわかります。

(2) 辺 FG の長さは何 cm ですか。

　対応する辺の長さや角の大きさは同じです。

　辺 FG に対応する辺は辺 ②□□□ なので，長さは ③□□□ cm です。

(3) 角 H の大きさを求めなさい。

　角 H に対応する角は角 ④□□□ なので，その大きさは ⑤□□□ ° です。

ポイント 合同な図形では，対応する辺の長さや角の大きさは等しくなります。

1 右の図のア，イの四角形は合同です。

(1) 頂点 D に対応する頂点はどれですか。

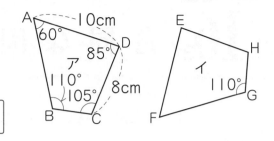

(2) 辺 EF の長さは何 cm ですか。

(3) 角 H の大きさを求めなさい。

2 方眼紙を使って㋐〜㋕の三角形をかきました。合同な三角形の組を 3 組見つけて，記号で答えなさい。

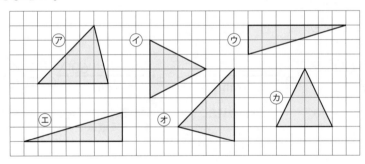

3 次の四角形のうち，対角線を 1 本ひくと合同な 2 つの三角形に分けることのできるものには○，そうでないものには×をつけなさい。

(1) 長方形　　　　　　(2) 平行四辺形　　　　　(3) 台形

16日 合同な図形（2）

右の図のような三角形 ABC と合同な三角形のかき方を答え
なさい。

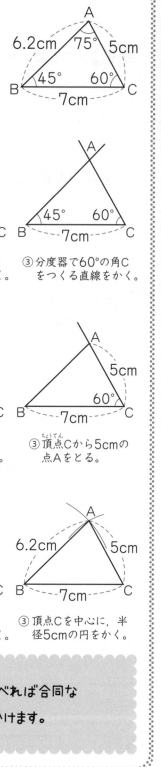

(1) 1つの辺の長さ7cm
とその両はしの角
度45°と ① ｜_｜°
を使うかき方

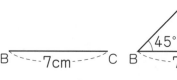

① 7cmの辺BC
をかく。

② 分度器で45°の角B
をつくる直線をかく。

③ 分度器で60°の角C
をつくる直線をかく。

(2) 2つの辺の長さ5cm
と ② ｜_｜cm とそ
の間の角度60°を
使うかき方

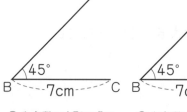

① 7cmの辺BC
をかく。

② 分度器で60°の角C
をつくる直線をかく。

③ 頂点Cから5cmの
点Aをとる。

(3) 3つの辺の長さ5cm,
③ ｜_｜cm, 7 cm
を使うかき方

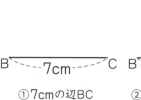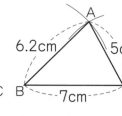

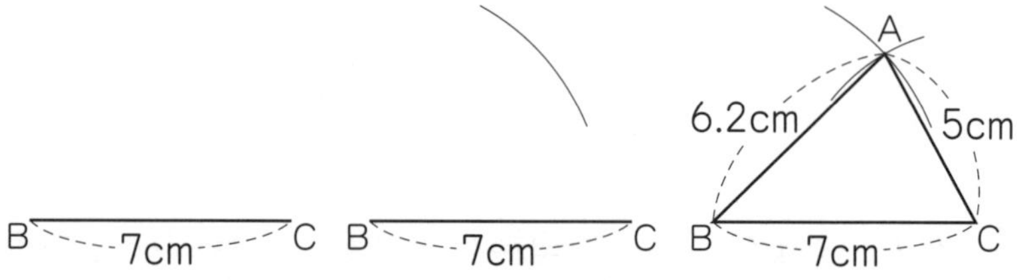

① 7cmの辺BC
をかく。

② 頂点Bを中心に，半
径6.2cmの円をかく。

③ 頂点Cを中心に，半
径5cmの円をかく。

ポイント
・1つの辺の長さとその両はしの角の大きさ
・2つの辺の長さとその間の角の大きさ
・3つの辺の長さ

これらを調べれば合同な
三角形がかけます。

1 次のような三角形をかきなさい。

(1) １つの辺の長さが６cmで，その両はしの角度が50°と70°である三角形

(2) ３つの辺の長さが５cm，６cm，７cmである三角形

2 下の図のような四角形ABCDをかきなさい。

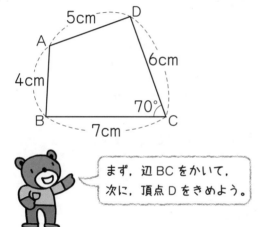

まず，辺BCをかいて，
次に，頂点Dをきめよう。

3 次のそれぞれの文の内容が正しければ○，まちがっていれば×をつけなさい。

(1) 合同な２つの三角形の面積は等しい。

(2) 面積が等しい２つの三角形は合同である。

(3) 面積が等しい２つの正方形は合同である。

(4) ３つの辺の長さが３cm，４cm，８cmの三角形をかくことができる。

17日 図形の角（1）

➡解答は 73 ページ　月　日

17日 図形の角(1)

(1) 右の図のように，三角形 ABC の頂点(ちょうてん) A を通って，辺 BC と平行な直線をひきました。それぞれの角を㋐～㋔の記号を使って表し，三角形の 3 つの角の和が 180° になる理由を説明しなさい。

平行線の性質(せいしつ)より，㋑は㋓と等しく，㋒は ① [　　] と等しいので，

㋐＋㋑＋㋒ は ㋐＋㋓＋ ① [　　] と等しく，一直線の 180° になります。

(2) 次の図で，角㋐，㋑の大きさをそれぞれ求めなさい。

㋐ 180° からわかっている 2 つの角の大きさをひいて求めます。

180° −(② [　　] ° ＋45°)＝ ③ [　　] °

㋑同じように，180°−(④ [　　] ° ＋58°)＝ ⑤ [　　] °

ポイント 三角形の 3 つの角の和は 180° になります。

1 次の図で，角㋐の大きさをそれぞれ求めなさい。

(1)

[　　]

(2)

[　　]

2 次の図で，角⑦の大きさをそれぞれ求めなさい。ただし，同じ印のついた辺の長さは同じ長さです。

(1)

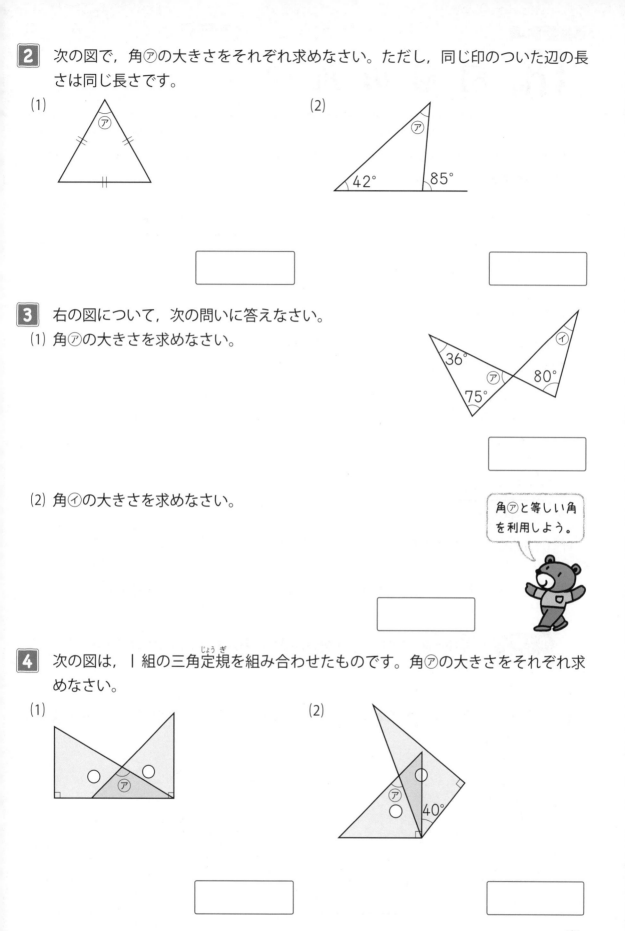

(2)

3 右の図について，次の問いに答えなさい。
(1) 角⑦の大きさを求めなさい。

(2) 角④の大きさを求めなさい。

角⑦と等しい角を利用しよう。

4 次の図は，1組の三角定規を組み合わせたものです。角⑦の大きさをそれぞれ求めなさい。

(1)

(2)

18日 # 図 形 の 角 (2)

次の図で，角⑦の大きさをそれぞれ求めなさい。ただし，同じ印のついた辺の長さは同じ長さです。

(1)

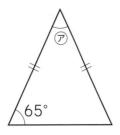

(2)

二等辺三角形では，次のように等しい角があるので，それを利用して角の大きさを求めることができます。

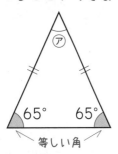

等しい角

等しい角

(1) ⑦＋65°＋65°＝180° より，⑦＝180°－ ①〔　　〕°×2＝ ②〔　　〕°

(2) 140°＋⑦＋⑦＝180° より，⑦＝（180°－ ③〔　　〕°）÷2＝ ④〔　　〕°

> **ポイント** 二等辺三角形では，１つの角の大きさがわかれば残りの角もわかります。

1 次の図で，角⑦の大きさをそれぞれ求めなさい。ただし，同じ印のついた辺の長さは同じ長さです。

(1)

(2)

〔　　　　　　　〕　　　　　　　　〔　　　　　　　〕

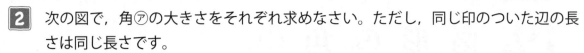

2 次の図で，角⑦の大きさをそれぞれ求めなさい。ただし，同じ印のついた辺の長さは同じ長さです。

(1)

(2)

□

□

3 右の図で，辺 AB，辺 BC，辺 CD は同じ長さです。
このとき，角⑦の大きさを求めなさい。

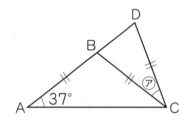

□

4 右の図で，辺 AB，辺 AC，辺 AD は同じ長さです。
(1) 角⑦の大きさを求めなさい。

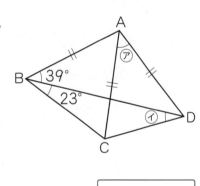

□

(2) 角④の大きさを求めなさい。

□

19日 図形の角 (3)

(1) 右の図のように，四角形は対角線によって2つの三角形に
分けることができます。このことから，四角形の4つの角
の和を求めなさい。

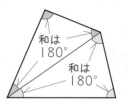

右の図のように，四角形は対角線で2つの三角形に分けら
れるので，4つの角の和は

$$\boxed{①}° × 2 = \boxed{②}°$$

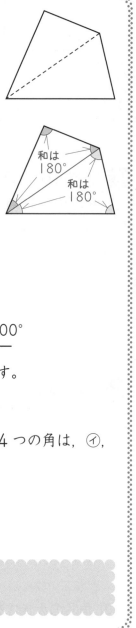

和は
180°

和は
180°

(2) 次の図で，角㋐，㋑の大きさをそれぞれ求めなさい。

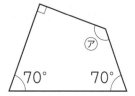

㋐
70°　　70°

125°　88°
㋑
100°

㋐ 360°からわかっている3つの角の大きさをひいて求めます。

$$360° - (70° + 70° + \boxed{③}°) = \boxed{④}°$$

㋑ 100°は四角形の角ではないことに注意します。四角形の4つの角は，㋑，

125°，88°，$\boxed{⑤}$° なので，

↑180°−100°

$$360° - (125° + 88° + \boxed{⑤}°) = \boxed{⑥}°$$

ポイント 四角形の4つの角の和は360°になります。

---

1 右の図で，角㋐の大きさを求めなさい。

78°
134°
83°　　㋐

2 次の図で，角⑦の大きさをそれぞれ求めなさい。

(1)

(2)
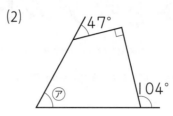

3 次の図で，角⑦の大きさをそれぞれ求めなさい。

(1) 平行四辺形
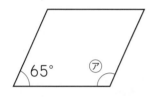

(2) ひし形

4 右の図のように，五角形を三角形に分けることによって，五角形の5つの角の和を求めなさい。

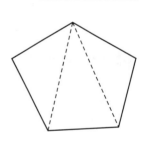

5 右の図で，角⑦の大きさを求めなさい。

20日 まとめテスト (4)

1 次の図で，角㋐の大きさをそれぞれ求めなさい。(9点×4 ─ 36点)

(1)

(2)
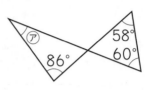

(3)
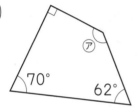

(4)
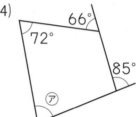

2 次の図のア，イの四角形は合同です。これについて答えなさい。(9点×2 ─ 18点)

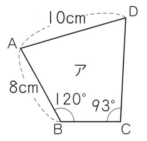

(1) 角 E の大きさを求めなさい。

(2) 辺 FG の長さは何 cm ですか。

③ 右の図で，辺 AB と辺 AC，辺 BC と辺 BD はそれぞれ同じ長さです。（9点×2－18点）

(1) 角㋐の大きさを求めなさい。

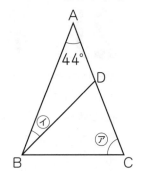

(2) 角㋑の大きさを求めなさい。

④ 右の図の四角形 ABCD は平行四辺形で，辺 AB と辺 BE は同じ長さです。角㋐の大きさを求めなさい。（9点）

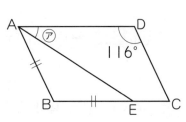

⑤ 七角形の 7 つの角の和を求めなさい。（9点）

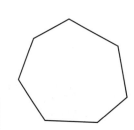

⑥ 下の図のような四角形 ABCD をかきなさい。（10点）

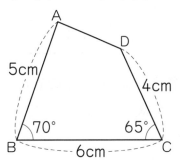

21日 平　均 （1）

➡解答は 75 ページ　　月　　日

右の表は，5回あった計算テストの
得点をまとめたものです。
平均点は何点ですか。

計算テストの得点

回	1	2	3	4	5
得点(点)	86	88	82	78	91

5回のテストの得点の合計は，$86+88+82+78+91 =$ ①⬜（点）

これを，テストの回数でわって，①⬜ ÷ ②⬜ ＝ ③⬜（点）

ポイント 平均 ＝ 合計 ÷ 個数(回数) で求めます。

1　学校で，国語,算数,理科,社会のテストがありました。国語が 75 点,算数が 85 点,
理科が 92 点，社会が 76 点でした。4 教科の平均点は何点になりますか。

2　バスケットボールチームの男子 5 人の身長は，それぞれ，160.4 cm，154.7 cm，
166.2 cm，163.8 cm，170.4 cm です。5 人の身長の平均は何 cm ですか。

3　下の得点は，あるプロ野球チームの最近 8 試合の得点をならべたものです。
　　3 点，5 点，1 点，1 点，0 点，6 点，5 点，3 点
8 試合の得点の平均は何点ですか。

4 たまご 6 個の重さをはかったところ, 合計 366 g でした。たまご 1 個の重さは, 平均何 g ですか。

5 右のぼうグラフは, 5 年 1 組で, ある月曜日から金曜日についてわすれものをした人の数を調べたものです。1 日平均何人の人がわすれものをしましたか。

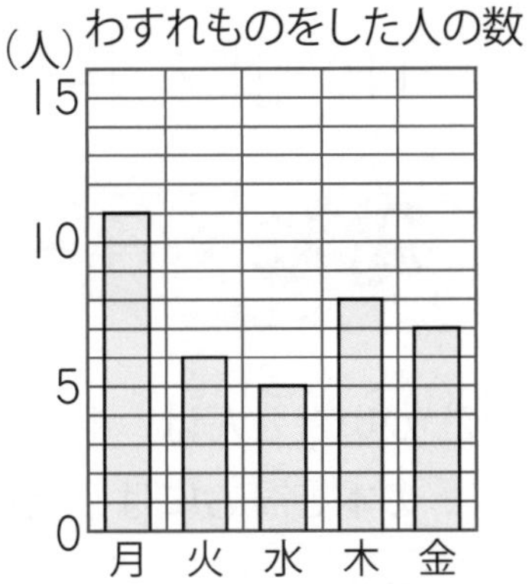

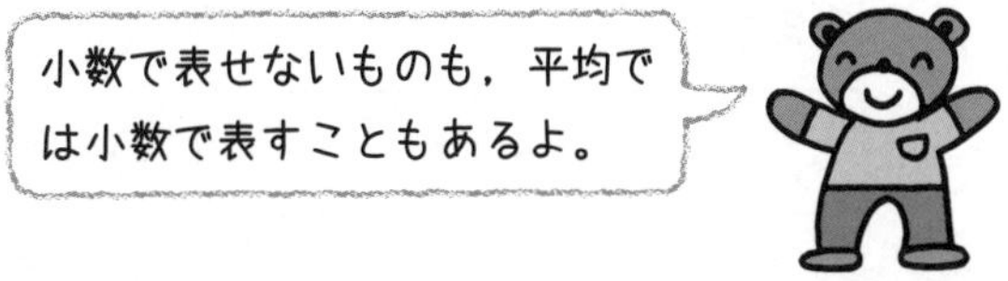

(人) わすれものをした人の数

小数で表せないものも, 平均では小数で表すこともあるよ。

6 次の表は, 20 人の計算テストの結果を表しています。あとの問いに答えなさい。

計算テストの得点と人数

得点(点)	0	1	2	3	4	5	6	7	8	9	10
人数(人)	0	0	1	0	2	4	2	2	4	3	2

(1) 20 人の得点の合計は何点ですか。

(2) 自分の得点が平均点以上だった人は何人いますか。

22日 平　　均（2）

---

(1) みかんが50個あります。そのうち何個かの重さをはかって平均を調べたところ，110gでした。みかん全部では，何gになると考えられますか。

平均＝合計÷個数 なので，合計は 平均×個数 で考えることができます。

$$110 \times \boxed{①} = \boxed{②} (g)$$

ポイント 合計 ＝ 平均 × 個数 で求めます。

(2) かいとさんは，1日平均30ページずつ本を読むことにしました。240ページの本を読むには，何日かかると考えられますか。

平均＝合計÷個数 なので，本を読む日数は 合計÷平均 で求めることができます。

$$\boxed{③} \div 30 = \boxed{④} (日)$$

ポイント 個数 ＝ 合計 ÷ 平均 で求めます。

---

1 ゆきさんは，1日平均35ページずつ本を読もうと考えています。2週間では何ページ読むことになりますか。

2 たまご1個の重さの平均を調べると64gでした。たまご何個で重さが1.6kgになると考えられますか。

3 男子 20 人，女子 16 人のクラスで算数のテストをしたところ，男子の平均点が 72.3 点，女子の平均点が 75 点でした。

(1) 男子 20 人の得点の合計は何点ですか。

（空欄）

(2) クラス全体の平均点は何点ですか。

（空欄）

4 20 点満点の計算テストがこれまでに 3 回あり，ひろきさんの得点は 14 点，17 点，15 点でした。4 回目のテストでひろきさんは何点以上とれば，4 回の平均点が 16 点以上になりますか。

（空欄）

5 算数のテストが 6 回あり，ゆうなさんは 1 回目から 4 回目までの平均点は 84 点，1 回目から 6 回目までの平均点は 86 点でした。

(1) ゆうなさんの 1 回目から 4 回目までの合計点は何点ですか。

（空欄）

(2) ゆうなさんの 5 回目と 6 回目の平均点は何点ですか。

（空欄）

23日 単位量あたりの大きさ (1)

公園Aの広さは240m²で,公園Bの広さは150m²です。今,公園Aには36人,公園Bには30人の子どもが遊んでいます。

(1) 公園Aには1m²あたり何人の子どもが遊んでいるといえますか。

1m²あたりの人数は,子どもの人数(人)を面積(m²)でわって求めます。公園Aの1m²あたりの子どもの人数は,

$$ \boxed{^① \quad} ÷ 240 = \boxed{^② \quad} (人) $$

※単位量あたりの大きさは,小数で答えてもかまいません。

(2) 公園Aと公園Bとでは,どちらの公園の方がすいているといえますか。

同じように,公園Bの1m²あたりの子どもの人数は,

$$ \boxed{^③ \quad} ÷ \boxed{^④ \quad} = \boxed{^⑤ \quad} (人) $$

したがって,公園 $\boxed{^⑥ \quad}$ の方がすいているといえます。

ポイント 「1m²あたり何人」を求める計算は,「人 ÷ m²」

---

1 長さ3mのぼうAの重さは20kg,長さ2mのぼうBの重さは13kgです。

(1) ぼうAの1mあたりの重さは何kgですか。四捨五入して小数第一位まで求めなさい。

（解答欄）

(2) 1mあたりの重さを比べると,どちらのぼうが重いといえますか。

（解答欄）

2 右の表は東小学校，西小学校の児童の人数と運動場の面積を調べたものです。子ども1人あたりの運動場の面積が広いのは，どちらの小学校ですか。

児童の人数と運動場の面積

	児童の人数	運動場の面積
東小学校	350 人	3220 m^2
西小学校	420 人	3780 m^2

3 コピー機 A で 300 まいコピーするのに 6 分 40 秒かかります。また，コピー機 B で 400 まいコピーするのに 8 分 20 秒かかります。A，B どちらのコピー機の方がはやいといえますか。1 秒あたり何まいコピーするかを比べて答えなさい。

4 自動車にガソリンを入れたところ，25 L で 3000 円でした。このガソリンで，自動車は 350 km 走ることができます。

(1) ガソリン 1 L あたりのねだんは何円ですか。

(2) 自動車はガソリン 1 L あたり何 km 走ることができますか。

(3) この自動車が走る 1 km あたりのガソリンの代金は約何円ですか。四捨五入して小数第一位まで求めなさい。

24日 単位量あたりの大きさ（2）

➡解答は 76 ページ　　月　　日

国や都道府県，市などについて，面積 1 km² あたりの人口のことを人口密度といいます。

(1) 日本の面積を 38 万 km²，人口を 1 億 2692 万人とすると，日本の人口密度は何人になりますか。

人口密度は「1 km² あたりの人口」なので，「人口 ÷ 面積」で求めることができます。日本の人口密度は，126920000 ÷ [①　　　　] = [②　　　　]（人）

(2) 大阪府の面積を 1900 km²，人口密度を 4665 人とすると，大阪府の人口は何人になりますか。

人口 ÷ 面積 ＝ 人口密度　より，人口 ＝ 人口密度 × 面積　です。

大阪府の人口は，[③　　　　] × [④　　　　] = [⑤　　　　]（人）

> **ポイント**　人口密度 ＝ 人口 ÷ 面積（km²）　で求めます。

1 A村の面積は 12 km²，人口は 3000 人，B村の面積は 18 km²，人口は 7200 人です。

(1) A村とB村の人口密度をそれぞれ求めなさい。

A村 [　　　　]，B村 [　　　　]

(2) A村とB村が合ぺいして，C町になりました。C町の人口密度を求めなさい。

> 合ぺいした後の面積と人口を考えよう。

[　　　　]

48

2 右の表は，A市とB市の人口，面積，人口密度を表しています。表のア，イにあてはまる数を求めなさい。

A市とB市の人口，面積，人口密度

	人口(人)	面積(km^2)	人口密度(人)
A市	126000	40	ア
B市	イ	25	6400

ア [　　　　　]， イ [　　　　　]

3 右の表は，鉄と金のかたまりの体積と重さをはかったものです。

鉄と金のかたまりの体積と重さ

	体積(cm^3)	重さ(g)
鉄	40	314
金	2.5	48

(1) 鉄 1 cm^3 あたりの重さは何 g ですか。

[　　　　　]

(2) 1 cm^3 あたりの重さを比べると，金の重さは鉄の重さの約何倍であるといえますか。四捨五入して小数第一位まで求めなさい。

[　　　　　]

4 年賀はがきを印刷屋さんにたのんだところ，100まいまでは何まいであっても料金は10000円で，100まいをこえると，こえた分については1まい60円の料金がかかります。

(1) この印刷屋さんに250まいたのむと，料金は全部でいくらになりますか。

[　　　　　]

(2) この印刷屋さんに400まいたのむと，1まいあたりの費用はいくらになりますか。

[　　　　　]

1 次のような 4 台の自動車ア, イ, ウ, エがあります。(10点×2 − 20点)

　　ア…10 L のガソリンで 200 km 走る

　　イ…20 L のガソリンで 320 km 走る

　　ウ…45 L のガソリンで 540 km 走る

　　エ…15 L のガソリンで 225 km 走る

(1) ウの自動車は, ガソリン 1 L あたり何 km 走りますか。

(2) 同じ量のガソリンでもっとも長いきょりを走る自動車はどれですか。

2 次の表は, すすむさんが 10 歩で進むきょりを 5 回測った記録です。

(12点×2 − 24点)

すすむさんの 10 歩で進むきょり

回	1	2	3	4	5
10 歩のきょり	7 m 14 cm	7 m 4 cm	7 m 15 cm	7 m 10 cm	7 m 12 cm

(1) すすむさんの 1 歩の歩はばは平均すると何 cm になりますか。

(2) すすむさんは家から学校までの道のりを 1200 歩で歩くことができました。家から学校までの道のりは約何 m といえますか。四捨五入して上から 2 けたのがい数で答えなさい。

③ 右の表は，ある年の山形県，山梨県，山口県の
面積と人口を表しています。(10点×2 ー 20点)

	面積(km²)	人口(人)
山形県	9300	1160000
山梨県	4500	860000
山口県	6100	1450000

面積と人口

(1) 山形県の人口密度を四捨五入して整数で求めな
さい。

(2) 同じ面積あたりの人口がいちばん多いのはどの県ですか。

④ 1辺が8cmの立方体の形をした鉄の重さは4kgでした。鉄1cm³あたりの重
さは約何gですか。四捨五入して小数第一位まで求めなさい。(12点)

⑤ 男子18人，女子12人のクラスで身長を測定したところ，男子18人の身長の
平均は152.4cm，クラス全体の身長の平均は152.2cmでした。(12点×2 ー 24点)

(1) 男子18人の身長の合計は何cmですか。

(2) 女子12人の身長の平均は何cmですか。

26日 変わり方（1）

右の図のように，正三角形の１辺
の長さが１cm，２cm，３cm，
……と変わると，それにともなっ
てまわりの長さがどのように変わ
るか調べます。

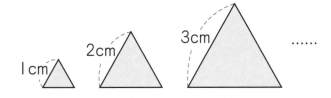

（1）１辺の長さ□cm が１cm，２cm，３cm，……のとき，まわりの長さ○cm が
　　何cm になるか調べて表にしました。表のア，イにあてはまる数を求めなさい。

正三角形の１辺の長さとまわりの長さ

１辺の長さ　□(cm)	1	2	3	4	5
まわりの長さ　○(cm)	3	6	9	ア	イ

正三角形のまわりの長さは１辺の長さの３倍なので，

表のアは，$4 \times 3 =$ ① □ (cm)，イは，$5 \times 3 =$ ② □ (cm)

（2）１辺の長さが２倍，３倍，……になると，それに対応するまわりの長さはどの
　　ように変わりますか。

右の表より対応するまわりの
長さは ③ □ 倍， ④ □ 倍，
……になります。

| | 2倍 | 3倍 | | |
１辺の長さ　□(cm)	1	2	3	4	5
まわりの長さ　○(cm)	3	6	9	ア	イ
	2倍	3倍		

ポイント　□が２倍，３倍，……になると，○も２倍，３倍，……になるとき，
○は□に比例するといいます。

（3）１辺の長さ□cm とまわりの長さ○cm の関係を式に表しなさい。

１辺の長さ×３＝まわりの長さ　なので，$□ \times$ ⑤ □ ＝ ⑥ □

（4）１辺の長さが９cm のとき，まわりの長さは何cm になりますか。

(3)の式の□に９をあてはめて，$9 \times$ ⑤ □ ＝ ⑦ □ (cm)

1 1本60円のえん筆□本の代金を○円とします。

(1) えん筆の本数□本が2本，3本，……と変わると，代金○円はそれぞれ何円になりますか。下の表にまとめなさい。

えん筆の本数と代金

えん筆の本数 □（本）	1	2	3	4	5	6
えん筆の代金 ○（円）	60					

(2) えん筆の代金はえん筆の本数に比例しますか。

2 たて3cm，横4cmの直方体の高さを□cm，体積を○cm³とします。

(1) 高さ□cmが1cm，2cm，……と変わると，体積○cm³はそれぞれ何cm³になりますか。下の表にまとめなさい。

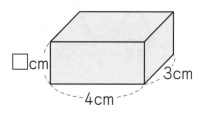

直方体の高さと体積

高さ □（cm）	1	2	3	4	5	6
体積 ○（cm³）						

(2) 高さ□cmと体積○cm³の関係を式に表しなさい。

(3) 高さが12cmのときの体積を求めなさい。

27日 変わり方 (2)

同じ長さのひごを使って，右の図のように三角形を作っていきます。

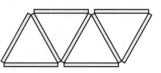

(1) 三角形を 1 個，2 個，3 個，……
と作るのに，ひごが何本必要かを
調べて表にしました。表のア，イ
にあてはまる数を求めなさい。

三角形の数とひごの本数

三角形の数 □（個）	1	2	3	4	5
ひごの本数 ○（本）	3	5	7	ア	イ

三角形の数が少ないときは，自分で図に表して，ひごの本数を数えてみるとわかります。

 1個
3本

 2個
5本

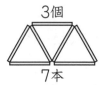 3個
7本

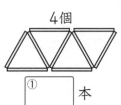 4個
① ☐ 本

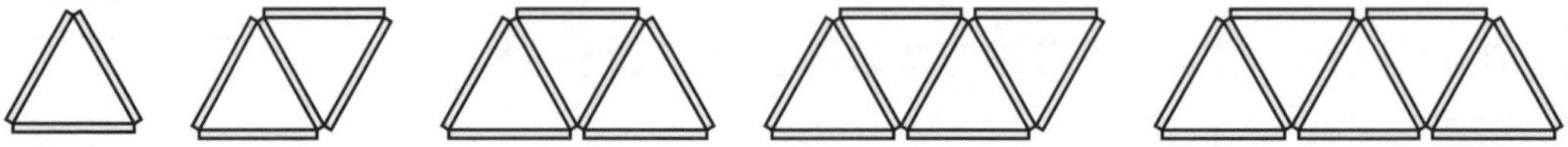

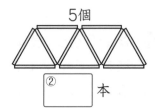 5個
② ☐ 本

これより，表のアは ① ☐ ，イは ② ☐ とわかります。

(2) 三角形の数□個とひごの本数○本の関係を式に表しなさい。

(1)の表から三角形の数が 1 個増えるごとに，ひごの本数が ③ ☐ 本ずつ増えていることに注目します。

三角形の数が 4 個のときは，3＋2＋2＋2＝3＋2×3＝9（本）
　　　　　　　　　　　　　　　　　　↑4−1

三角形の数が 5 個のときは，3＋2＋2＋2＋2＝3＋2×4＝11（本）
　　　　　　　　　　　　　　　　　　　　↑5−1

よって，三角形の数が□個のときは，3＋2×(④ ☐ −1)＝⑤ ☐ （本）

(3) 三角形を 10 個作るには，何本のひごが必要ですか。

(2)の式の□に 10 をあてはめて，3＋⑥ ☐ ×(10−1)＝⑦ ☐ （本）

ポイント 図に表したり書き出すことで，2 つの数の関係を調べます。

1 同じ長さのひごを使って，次の図のように正方形を作っていきます。

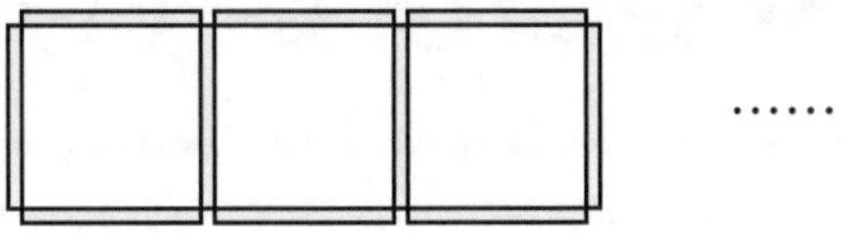

(1) 正方形を 1 個，2 個，3 個，……と作るのに，ひごが何本必要かを調べて表にしました。表のア，イにあてはまる数を求めなさい。

正方形の数とひごの本数

正方形の数 □（個）	1	2	3	4	5
ひごの本数 ○（本）	4	7	10	ア	イ

ア ⬜︎ ，イ ⬜︎

(2) ひごの本数は正方形の数に比例しますか。

⬜︎

(3) 正方形の数□個とひごの本数○本の関係を式に表しなさい。

⬜︎

(4) 正方形を 12 個作るには，何本のひごが必要ですか。

⬜︎

28日 きまりを見つけて（1）

右の図のように，長方形の紙を半分に折り，さらにそれを半分に折り，さらにまた半分に折り，……と続けていきます。3回折った長方形を広げると，図のように，折り目で分けられた長方形が8個できます。

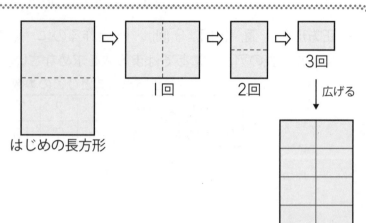

はじめの長方形

1回　2回　3回

広げる

(1) 折った回数と，それを広げたときにできる長方形の数を調べて表にしました。表のア，イにあてはまる数を求めなさい。

折った回数と長方形の数

折った回数（回）	1	2	3	4	5
長方形の数（個）	2	4	8	ア	イ

広げたときの折り目を実際にかいていくと，次のようになります。

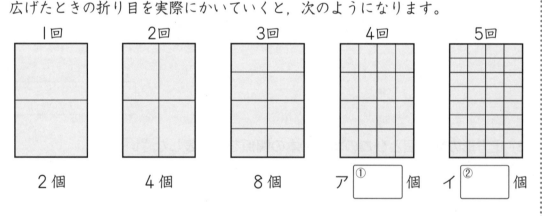

1回　　2回　　3回　　4回　　5回

2個　　4個　　8個　　ア ① 個　　イ ② 個

(2) 8回折って広げると，長方形は何個できますか。

折る回数が1回増えるごとに，長方形の数は前の数の ③ 倍になっていることがわかるので，6回折ると ② ×2= ④ （個），7回折ると ④ ×2= ⑤ （個），8回折ると ⑤ ×2= ⑥ （個）

ポイント 増え方のきまりを見つけます。

1

１辺の長さが１cm，２cm，３cm，……の正方形にそれぞれ，たて，横１cm
の間かくで直線をひいて，１辺の長さが１cm の正方形に分けたとき，線と線が
交わった点（•）の数が何個あるかを調べます。

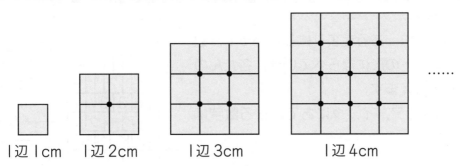

１辺１cm　１辺２cm　　　１辺３cm　　　　　　１辺４cm

(1) １辺の長さと，それに対応する点の数を調べて表にしました。表のア，イにあて
はまる数を求めなさい。

１辺の長さと点の数

１辺の長さ（cm）	1	2	3	4	5
点　の　数（個）	0	1	ア	9	イ

ア 　　　　　　，イ

(2) １辺の長さが８cm の正方形について，点の数を求めなさい。

点の数のきまりを見
つけよう。

(3) 点の数が 169 個になるのは，１辺の長さが何 cm の正方形ですか。

29日 きまりを見つけて（2）

右の図のように，あるきまりにしたがって，数字をピラミッドの形にならべていき，各だんの数字の和を考えます。

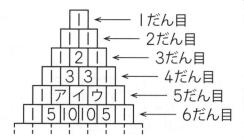

1だん目
2だん目
3だん目
4だん目
5だん目
6だん目

(1) 5だん目のア，イ，ウにあてはまる数字は何ですか。

数字がどんなきまりでならんでいるかを考えます。どのだんも，両はしの数字は1で，そのほかの数字は右に示すように，上にある2つの数字の和になっています。したがって，

A＋B＝C になっている

アは 1＋3 ＝ ①[　　]，　イは 3＋②[　　] ＝ ③[　　]

ウは 3＋④[　　] ＝ ⑤[　　]

(2) 7だん目の数字の和を求めなさい。

各だんにならんでいる数字の和を調べて，表に表すと，右のようになります。だんの数が1増えると，数字の和は2倍になることがわかります。

各だんの数字の和

○だん目	1	2	3	4	5	6	7
数字の和	1	2	4	8	16	32	

×2 ×2 ×2 ×2 ×2 ×2

これより，7だん目の数字の和は ⑥[　　] です。

(3) 横にならんでいる数字の和が，はじめて1000より大きくなるのは何だん目ですか。

同じようにして，各だんにならんでいる数字の和を求めていくと，8だん目が128，9だん目が256，10だん目が⑦[　　]，11だん目が⑧[　　]とわかるので，はじめて1000より大きくなるのは⑨[　　]だん目です。

ポイント 表に整理すると，かくれたきまりを見つけやすくなります。

1 次のように，あるきまりで数字がならんでいます。

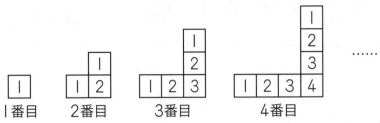

1番目　　2番目　　　3番目　　　　　4番目

(1) それぞれの図形に書かれている数字の和を調べて，下の表を完成させなさい。

図形の順番と数字の和

図形の順番	1	2	3	4
数字の和				

(2) (1)の表からきまりを見つけ，10番目の図形に書かれている数字の和を求めなさい。

2 次のように，正方形の中に，あるきまりで数字を書き入れた図形があります。

1番目　2番目　　3番目　　　　4番目

1

1	2
2	4

1	2	3
2	4	6
3	6	9

1	2	3	4
2	4	6	8
3	6	9	12
4	8	12	16

......

(1) 5番目の図形で，いちばん上の横一列にならんだ5つの数字の和を求めなさい。

(2) 8番目の図形の中に書かれている64個の数字の和を求めなさい。

> いちばん上の横一列にならんだ数字の和と図形の中に書かれた数字の和の関係を調べよう。

30日 まとめテスト (6)

解答は78ページ

月 日

時間 **25分**
【はやい20分・おそい30分】

得点

合格 **80点**

点

1 次の図のように，たての長さが 3 cm の長方形があります。この長方形の横の長さが 1 cm，2 cm，3 cm，……と変わると，それにともなって面積がどのように変わるか調べます。(12点×2－24点)

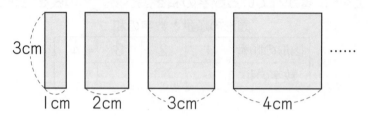

3cm

1cm　2cm　3cm　4cm

(1) 下の表を完成させなさい。

長方形の横の長さと面積

横の長さ（cm）	1	2	3	4	5	6	7	8
面　積（cm^2）								

(2) 面積は横の長さに比例していますか。理由と合わせて答えなさい。

2 同じ長さのひごを使って，次のように六角形を作っていきます。(12点×2－24点)

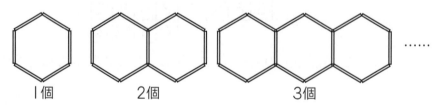

1個　　2個　　　3個

(1) 六角形を 4 個作るとき，ひごを何本使いますか。

(2) 六角形を 10 個作るとき，ひごを何本使いますか。

60

3 次の図のように，正方形をならべた図形を作っていきます。ただし，1つの正方形の1辺の長さは1cmです。(13点×2－26点)

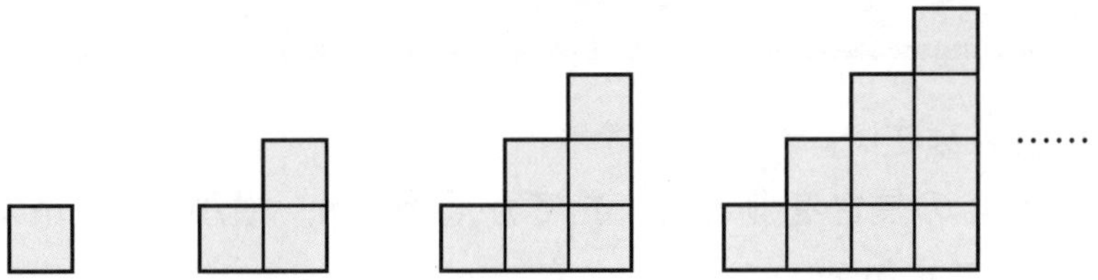

1番目　　2番目　　3番目　　4番目

(1) 8番目の図形の面積は何 cm² ですか。

(2) 8番目の図形のまわりの長さは何 cm ですか。

4 右の図のように，正三角形をならべた図形の中に，あるきまりで数字が書かれています。

(13点×2－26点)

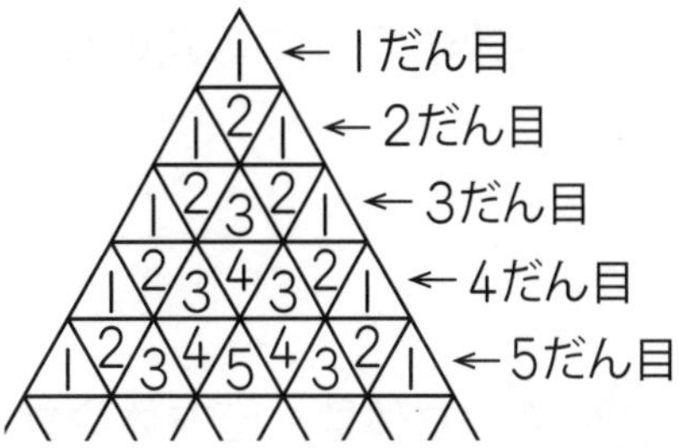

(1) 15だん目の数字の和を求めなさい。

(2) 15だん目の左から20番目の数字は何ですか。

進級テスト

時間 ▶ 30分
【はやい25分・おそい35分】
得点

合格 ▶ 70点

点

1 次の問いに答えなさい。(6点× 4 ー 24点)

(1) お父さんの名しの長さを測ると，たてが 5.5 cm，横が 9.1 cm でした。名しの面積は何 cm² ですか。

(2) 5.6 をある小数でわる計算をするところ，まちがえて 5.6 にある小数をかけてしまったので，答えが 8.96 になりました。正しいわり算の答えを求めなさい。

(3) 36 と 48 の最大公約数を求めなさい。

(4) 六角形の 6 つの角の和を求めなさい。

2 次の立体は，直方体や立方体を組み合わせたものです。それぞれ体積は何 cm³ ですか。(6点× 2 ー 12点)

(1)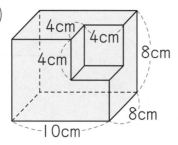

(2)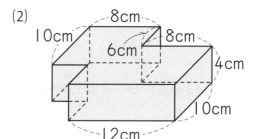

3 たての長さが 12cm，横の長さが 8cm の長方形の紙が 100 まいあります。右の図のように，同じ向きにすきまなくならべて，全体ができるだけ大きい正方形をつくるとき，長方形の紙を何まい使いますか。(8点)

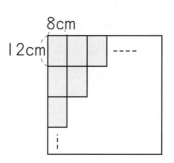

8cm

12cm

4 次の図で，角㋐の大きさをそれぞれ求めなさい。(6点×2＝12点)

(1)

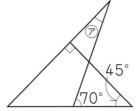

㋐
45°
70°

(2) 四角形 ABCD は平行四辺形で，AD＝ED

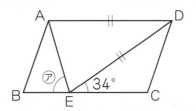

A　　　　　D
㋐　　34°
B　E　　　C

5 100 点満点のテストが，これまでに 5 回ありました。今回は 6 回目で，がんばって 90 点をとったので，6 回の平均点がちょうど 80 点になりました。

(6点×2＝12点)

⑴ 5 回目までの平均点は何点でしたか。

⑵ もし，6 回目のテストの点数が 60 点だったとすると，6 回の平均点は何点になっていましたか。

6 2台の自動車 A，B があります。自動車 A は 25 L のガソリンで 350 km 走り，自動車 B は 20 L のガソリンで 320 km 走ります。(8点×2－16点)

(1) 自動車 B が 1 km 走るのに必要なガソリンは何 cm³ ですか。

(2) 自動車 A が 210 km 走るのに必要なガソリンで，自動車 B は何 km 走りますか。

7 右の図は，厚さが 1 cm の木の板でできている直方体の形をした容器です。この容器に 10.5 dL の水を入れると，水の深さは何 cm になりますか。(8点)

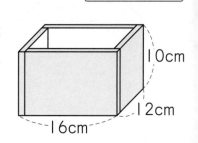

10cm

12cm

16cm

8 次のように，1 辺の長さが 1 cm の正方形をならべた図形があります。20 番目の図形のまわりの長さは何 cm ですか。(8点)

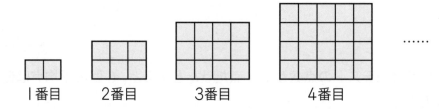

1番目　　2番目　　3番目　　4番目　　……

●1日 2〜3ページ

①120　②9600　③0.8　④0.96

1 0.63 m²

2 (1)1050 g　(2)280 g

3 22.4 m²

4 15.12 dL

5 0.96 m

6 66.12 km

7 177.3 cm

解 き 方

1 m² で答えるので，単位を m にそろえます。
たての長さは 60 cm＝0.6 m だから，面積は，
0.6×1.05＝1.05×0.6＝0.63(m²)

```
    1.0 5 ←小数第二位
×   0.6 ←小数第一位
  0.6 3 0 ←小数第三位
```

2 (1)(1mの重さ)×(長さ)＝(全体の重さ)だから，
350×3＝1050(g)
(2)350×0.8＝280(g)

> **チェックポイント** 1 より大きい数をかけると，積はかけられる数より大きくなります。
> 1 より小さい数をかけると，積はかけられる数より小さくなります。

3 6.4×3.5＝22.4(m²)

```
    6.4 ←小数第一位
×   3.5 ←小数第一位
    3 2 0
  1 9 2
  2 2.4 0 ←小数第二位
```

4 5.6×2.7＝15.12(dL)

5 128 cm＝1.28 m
1.28×0.75＝0.96(m)

6 11.4×5.8＝66.12(km)

7 118.2×1.5＝177.3(cm)

●2日 4〜5ページ

①200　②4　③50　④200　⑤2.5　⑥80

1 (1)115円　(2)150円

2 12本

3 (1)10.5 cm　(2)8 cm

4 1.8倍

5 15本とれて，0.7 m あまる。

6 23本できて，0.11 L あまる。

解 き 方

1 (1)1 L のねだん×かさ＝代金 だから，
1 L のねだん＝代金÷かさ で求めます。
230÷2＝115(円)
(2)(1)と同様に計算して，
270÷1.8＝150(円)

```
        1 5 0
1.8)2 7 0.0
    1 8
      9 0
      9 0
        0
```

2 18÷1.5＝12(本)

3 (1)33.6÷3.2＝10.5(cm)

```
        1 0.5
3.2)3 3.6
    3 2
    1 6 0
    1 6 0
        0
```

(2)33.6÷4.2＝8(cm)

4 65.7÷36.5＝1.8(倍)

5 テープの本数は整数です。したがって，商は整数になり，あまりを出します。
12.7÷0.8＝15 あまり 0.7
より，0.8 m のテープは 15 本とれて，テープは 0.7 m あまります。

```
          1 5
0.8)1 2.7
    8
    4 7
    4 0
    0.7
```

6 びんの本数は整数です。したがって，商は整数になり，あまりを出します。
10÷0.43＝23 あまり 0.11

●3日 6〜7ページ

①78.5　②2.4　③188.4　④312.5　⑤2.5

⑥125　⑦175　⑧125　⑨1.4

1 (1)8 kg　(2)0.125 m

2 (1)6.08 kg　(2)約 4.5 L

3 (1)1.75 m　(2)1.25 倍

4 (1)0.8　(2)6.72

解 き 方

1 (1)鉄のぼう 1 m の重さを□ kg とすると，
　□×0.35＝2.8 より，□＝2.8÷0.35＝8(kg)
　(2)鉄のぼう 1 kg の長さを□ m とすると，
　□×2.8＝0.35 より，
　□＝0.35÷2.8＝0.125(m)

2 (1)1.9×3.2＝6.08(kg)
　(2)すな 8.6 kg のかさを□ L とすると，
　1.9×□＝8.6 より，
　□＝8.6÷1.9＝4.52(L)
　上から 2 けたのがい数で答えるので，
　4.5̶2̶ L は 4.5 L

3 (1)赤いテープの長さを□ m とすると，
　□×0.8＝1.4 より，
　□＝1.4÷0.8＝1.75(m)
　(2)1.75÷1.4＝1.25(倍)

4 (1)ある小数を□とすると，8.4÷□＝10.5 より，
　□＝8.4÷10.5＝0.8

> ◀ **チェックポイント**　わり算の逆算（ぎゃくさん）はいつもかけ算
> になるとはかぎりません。例えば，
> □÷3＝8 ならば，□＝8×3＝24 ですが，
> 24÷□＝8 ならば，□＝24÷8＝3
> になります。注意しましょう。

　(2)8.4×0.8＝6.72

●4日 8〜9ページ

①51.84　②5.4　③9.6

1 23.04 cm²

2 246.24 g

3 45.6 kg

4 7.77

5 2080 円

6 約 76 dL

7 (1)1.6 倍　(2)800 歩

解 き 方

1 正方形の 1 辺の長さは 19.2÷4＝4.8(cm) だ
　から，面積は，4.8×4.8＝23.04(cm²)

> ◀ **チェックポイント**　正方形のまわりの長さは，
> 1 辺の長さ ×4 です。

2 はり金 1 m の重さは 162÷2.5＝64.8(g) だか
　ら，3.8 m の重さは，64.8×3.8＝246.24(g)

3 妹の体重は，38×0.6＝22.8(kg)，お父さん
　の体重は，38×1.8＝68.4(kg) だから，そ
　の差は，68.4−22.8＝45.6(kg)

4 ある数を□とすると，3.7＋□＝5.8 になった
　ことから，□＝5.8−3.7＝2.1 とわかります。
　したがって，正しい計算の答えは，
　3.7×2.1＝7.77

5 5.2m の鉄のぼうの重さは，
　0.8×5.2＝4.16(kg)だから，代金は
　500×4.16＝2080(円)

6 長方形のかべの面積は，
　2.5×6.3＝15.75(m²)だから，
　4.8×15.75＝75.6(dL)
　上から 2 けたのがい数で答えるので，
　75.6̶ dL は 76dL

7 (1)0.96÷0.6＝1.6(倍)
　(2)お父さんが 500 歩で進む道のりは
　0.96×500＝480(m) だから，
　480÷0.6＝800(歩)

●5日 10〜11 ページ

1 140.6 cm²

2 約 0.83 kg

3 1.3 倍

4 (1)12.8 km　(2)1875 円

5 51 本できて，0.15 L あまる。

6 21.08 cm²

7 (1)3.125 m²　(2)8.64 L　(3)9 個

解 き 方

1 14.8×9.5＝140.6(cm²)

2 0.5÷0.6＝0.8333……，$\frac{1}{100}$ の位までのが
　い数で求めるので，0.83 kg

3 1.04÷0.8＝1.3(倍)

4 (1)自動車が 1 L のガソリンで走るきょりを□
　km とすると，

$\square \times 7.5 = 96$ より，

$\square = 96 \div 7.5 = 12.8$(km)

(2)200 km 走るのに必要なガソリンの量は，

200÷12.8=15.625(L)だから，その代金は，

120×15.625=1875(円)

⑤ びんの本数は整数です。したがって，商は整数になり，あまりを出します。

18÷0.35=51 あまり 0.15

より，51 本できて 0.15 L の牛にゅうがあまります。

⑥ 長方形のたてと横の長さの和は

19.2÷2=9.6(cm)で，たての長さが 3.4 cm だから，横の長さは 9.6−3.4=6.2(cm)

したがって，面積は 3.4×6.2=21.08(cm²)

チェックポイント 長方形のまわりの長さは，

(たての長さ＋横の長さ)×2 です。

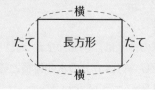

⑦ (1)7.5÷2.4=3.125(m²)

(2)27÷3.125=8.64(L)

(3)かべの面積は 2.5×8.5=21.25(m²) だから，必要なペンキの量は，

21.25÷3.125=6.8(L)

したがって，6.8÷0.8=8.5 より，0.8 L 入りのペンキのかんは 9 個必要です。(8 個では足りません。)

●6日 12〜13 ページ

①7 ②12 ③5 ④420 ⑤6 ⑥216

1 (1)243 cm³ (2)125 cm³

2 (1)960 cm³ (2)64 cm³

3 (1)448 cm³ (2)6.25 cm

4 (1)27 cm³ (2)810 cm³

解き方

1 (1)9×9×3=243(cm³)

(2)5×5×5=125(cm³)

2 (1)横の長さは 10+2=12(cm)，高さは 10−2=8(cm)だから，体積は，

10×12×8=960(cm³)です。

チェックポイント 計算のきまりより，かけ算の順番が変わっても答えは変わらないので，計算がしやすいようにくふうしましょう。

$10 \times \underline{12 \times 8} = 10 \times \underline{96} = 960$

(2)立方体の辺は全部で 12 本あり，すべて同じ長さなので，1 辺の長さは，48÷12=4(cm)

したがって，体積は，4×4×4=64(cm³)

3 (1)6.4×12.5×5.6=448(cm³)

(2)体積が 500 cm³のとき，高さを□cmとすると，

6.4×12.5×□=500 が成り立ちます。これより，□=500÷(6.4×12.5)=6.25(cm)

4 (1)3×3×3=27(cm³)

(2)1 辺 3 cm の立方体が，上のだんから順に，1 個，4 個，9 個，16 個と，合計 30 個あります。したがって，体積は，27×30=810(cm³)

●7日 14〜15 ページ

①3 ②216 ③540 ④756 ⑤4

⑥180 ⑦576 ⑧4 ⑨3 ⑩108

1 1080 cm³

2 1332 cm³

3 756 cm³

4 3780 cm³

解き方

1 左右 2 つの直方体に分けて考えます。

15×3×12+15×12×3=1080(cm³)

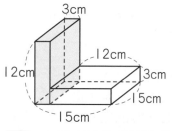

別解 大きい直方体の体積から小さい直方体の体積をひいて，

15×15×12−15×12×9=1080(cm³)

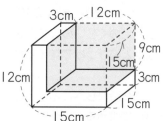

2 大きい直方体の体積から小さい直方体の体積を
ひいて求めます。
9×14×12-5×6×6=1512-180
=1332(cm³)

3 下の図のように，たて 9 cm，横 12 cm，高
さ 9 cm の直方体の体積から，色をつけた部分
の 2 つの直方体の体積をひいて求めます。
9×12×9-(6×8×3+6×4×3)
=972-216=756(cm³)

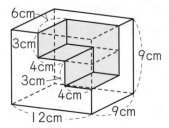

4 入れ物の水が入る部分は，たてが
16-2=14(cm)，横が 20-2=18(cm)，
高さが 16-1=15(cm) の直方体の形をして
いるので，水が入る部分の体積は，
14×18×15=3780(cm³)

●8日 16～17 ページ
①1000　②2000　③350
④400　⑤1000000　⑥600000
1 (1)250　(2)30000　(3)1800　(4)200
2 (1)m³　(2)mL　(3)L
3 (1)0.864 m³　(2)864000 cm³
4 (1)12 L　(2)25 cm
解き方
1 (1)1 dL=100 cm³ だから，
2.5 dL は，2.5×100=250(cm³)
(2)1 m³=1000000 cm³ だから，
0.03 m³ は，0.03×1000000=30000(cm³)
(3)1 L=1000 cm³ だから，
1.8 L は，1.8×1000=1800(cm³)
(4)1 mL=1 cm³ だから，200 mL=200 cm³
2 それぞれの単位がどのくらいの大きさを表すの
か，ふだんの生活と結びつけて覚えておくこと
が大切です。
3 (1)大きい直方体の体積からへこんだところの直
方体の体積をひいて求めると，

1×1.4×0.8-(1-0.6)×(1.4-0.6)×0.8
=1.12-0.256=0.864(m³)
(2)0.864×1000000=864000(cm³)

チェックポイント cm の単位で先に(2)を求めて
から cm³ を m³ にしてもよいでしょう。

4 (1)20×20×30=12000(cm³)=12(L)
(2)10 L=10000 cm³ だから，深さを□ cm と
すると，20×20×□=10000 より，
□=10000÷(20×20)=25(cm)

●9日 18～19 ページ
①30　②15000　③15　④4　⑤2000
⑥8　⑦4000　⑧4200
1 (1)576 cm³　(2)432 cm³
2 (1)120 cm³　(2)4.8 cm
3 12.84 cm
解き方
1 (1)鉄球の体積は，水面が上がった
24-20=4(cm)分の水の体積と等しいので，
12×12×4=576(cm³)
(2)2 つの鉄球を水にしずめると，水の体積と鉄球
2 つの体積の合計が，
12×12×20+576×2
=2880+1152=4032(cm³)
になります。
容器の容積は 12×12×25=3600(cm³)だ
から，水が 4032-3600=432(cm³)あふ
れます。
別解 鉄球を 1 つ入れたとき，容器の高さは
まだ 1cm 余っているので，あと
12×12×1=144(cm³)
入ります。鉄球の体積は 576 cm³ なので，あ
ふれる水の体積は，
576-144=432(cm³)
2 (1)水の体積と石の体積の合計は，
10×10×6=600(cm³)とわかるので，石の
体積は，600-480=120(cm³)です。
(2)水の深さを□cm とすると，10×10×□=480
より，
□=480÷(10×10)=4.8(cm)
3 容器に入っている水の体積は，

$10 \times 10 \times 9 = 900 (cm^3)$
です。容器をさかさまにすると，そのうち
$6 \times 6 \times 6 = 216 (cm^3)$
の水が下側の小さな立方体の部分に入り，残り
の $900 - 216 = 684 (cm^3)$ の水は上側の大き
な立方体の部分に入ります。上側の立方体の部
分の深さを○ cm とすると，
$10 \times 10 \times ○ = 684$ より，
$○ = 684 \div (10 \times 10) = 6.84 (cm)$
です。したがって，水の深さ□ cm は，
$□ = 6 + 6.84 = 12.84 (cm)$
になります。

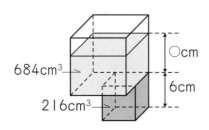

● 10日 20〜21ページ
❶ (1)960 cm³ (2)343 cm³
❷ (1)225 cm³ (2)120 cm³
❸ (1)0.315 m³ (2)24
❹ (1)0.56 (2)0.2 (3)50 (4)350
❺ (1)25 cm (2)900 cm³ (3)23 cm
❻ 160 cm³

【解き方】
❶ (1)$8 \times 15 \times 8 = 960 (cm^3)$
  (2)$7 \times 7 \times 7 = 343 (cm^3)$
❷ (1)たて 10 cm，横 3 cm，高さ 6 cm の直方体
  と，たて 5 cm，横 3 cm，高さ 3 cm の直方
  体に分けて考えます。
  $10 \times 3 \times 6 + 5 \times 3 \times 3 = 225 (cm^3)$

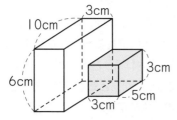

  (2)次の図のように，大きい直方体の体積から色
  のついた 2 つの直方体の体積をひいて求めま
  す。

$10 \times 8 \times 2 - (4 \times 2 \times 2 + 3 \times 4 \times 2)$
$= 160 - (16 + 24) = 120 (cm^3)$

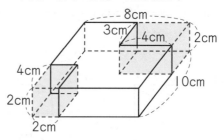

❸ (1)単位を m にして計算すると，
  $0.6 \times 1.5 \times 0.35 = 0.315 (m^3)$
  (2)立方体の体積は $12 \times 12 \times 12 = 1728 (cm^3)$
  だから，直方体の体積は，
  $9 \times 8 \times □ = 1728 (cm^3)$
  したがって，$□ = 1728 \div 72 = 24 (cm)$
❹ (1)$1000 cm^3 = 1 L$ だから，
  $560 cm^3$ は，$560 \div 1000 = 0.56 (L)$
  (2)$1000 L = 1 m^3$ だから，
  $200 L$ は，$200 \div 1000 = 0.2 (m^3)$
  (3)$1 mL = 1 cm^3$ だから，$50 mL = 50 cm^3$
  (4)$1 L = 1000 cm^3$ だから，
  $0.35 L$ は，$0.35 \times 1000 = 350 (cm^3)$
❺ (1)$4.5 L = 4500 cm^3$，水の深さを□ cm とす
  ると，$15 \times 12 \times □ = 4500$ より，
  $□ = 4500 \div (15 \times 12) = 25 (cm)$
  (2)ねん土の体積は，深さ $28 - 25 = 3 (cm)$ 分の
  水の体積と，あふれた $360 cm^3$ をあわせたも
  のだから，
  $15 \times 12 \times 3 + 360 = 900 (cm^3)$
  (3)$360 cm^3$ の水があふれたので，水ははじめよ
  り $360 cm^3$ 減って，
  $4500 - 360 = 4140 (cm^3)$
  になっています。ねん土を取り出すと，残った
  水の深さは，
  $4140 \div (15 \times 12) = 23 (cm)$
  になります。
  【別解】 ねん土の体積が $900 cm^3$ なので，
  $15 \times 12 \times □ = 900$ $□ = 5$ より，このねん
  土の体積は深さ 5 cm 分の水の体積に等しいこ
  とがわかります。したがって，ねん土を取り出
  すと水面の高さは 5 cm 下がり，深さは $28 - 5 = 23 (cm)$ になります。

6 この立体の体積は，図 I のような I 辺 6 cm の立方体の体積から，図 2 のような立体（I 辺 2 cm の立方体を 7 つ組み合わせた形）の体積をひいて求めます。

$6×6×6−2×2×2×7=160(cm^3)$

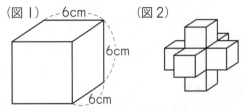

（図 I）　　6cm　　　（図 2）
6cm
6cm

別解　この立体は，I 辺 2 cm の立方体 20 個に分けることができるので，体積は，

$2×2×2×20=160(cm^3)$

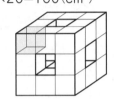

● **11 日 22 〜 23 ページ**
①32　②40　③48　④60　⑤24　⑥96
⑦120

1 (1)15 の倍数…15, 30, 45, 60, 75
　　20 の倍数…20, 40, 60, 80, 100
(2)最小公倍数…60
　　公倍数…60, 120, 180, 240, 300
2 96
3 (1)60 cm　(2)20 まい
4 (1)午後 2 時 18 分　(2)24 回

解 き 方
1 (2)15 の倍数で 20 の倍数でもある数が 15 と 20 の公倍数です。公倍数のうち，最も小さい数が最小公倍数で，公倍数は，最小公倍数の倍数になっています。
2 6 と 8 の公倍数（24 の倍数）は 24, 48, 72, 96, 120, ……で，「100 にもっとも近い整数」とあるので，96 になります。
3 (1)たての長さは 15 の倍数，横の長さは 12 の倍数で，正方形になるためにはたてと横の長さが同じにならなければならないので，正方形の I 辺の長さは 15 と 12 の公倍数になります。

「できるだけ小さい正方形」とあるので，I 辺の長さは 15 と 12 の最小公倍数の 60cm になります。
(2)60÷15＝4, 60÷12＝5 より，たてに 4 まい，横に 5 まいならべるので，4×5＝20（まい）です。
4 (1)6 と 9 の最小公倍数は 18 だから，午後 2 時 18 分です。
(2)午後 2 時から午後 9 時までは 7 時間＝420 分間あります。420÷18＝23 あまり 6 より，午後 2 時のあと，午後 9 時までに 23 回同時に発車することがわかるので，午後 2 時も回数にふくめると，
　23＋1＝24（回）

● **12 日 24 〜 25 ページ**
①6　②8　③12　④6　⑤12
⑥36　⑦6　⑧12

1 (1)28 の約数…1, 2, 4, 7, 14, 28
　　70 の約数…1, 2, 5, 7, 10, 14, 35, 70
(2)公約数…1, 2, 7, 14, 最大公約数…14
2 (1)6 人
(2)白い紙…5 まい，ピンクの紙…7 まい
3 (1)12 cm　(2)35 まい
4 (1)7, 35　(2)16

解 き 方
1 (2)小さい方の数である 28 の約数のうち，70 の約数でもある数が 28 と 70 の公約数です。
2 (1)子どもの人数は 30 をわっても，42 をわってもわり切れる数になります。したがって，子どもの人数は 30 と 42 の公約数で，「できるだけ多くの子どもたち」とあるので，30 と 42 の最大公約数を求めます。
3 (1)正方形の I 辺の長さは，60 をわっても，84 をわってもわり切れる数になります。したがって，I 辺の長さは 60 と 84 の公約数で，「できるだけ大きい正方形」とあるので，60 と 84 の最大公約数を求めます。
(2)I 辺の長さが 12 cm の正方形は，60÷12＝5, 84÷12＝7 より，5×7＝35（まい）できます。
4 (1)41÷□＝○あまり 6 より，41−6＝35 が

□でわり切れることになります。したがって，□は35の約数です。ただし，あまりが6なので，6より大きい数でなければなりません。35の約数のうち，6より大きい数は7と35です。

(2)(1)と同じように，41−9=32，57−9=48より，ある整数□は32と48の公約数です。ただし，あまりの9よりも大きい数でなければなりません。32と48の公約数は，1，2，4，8，16で，9より大きい数は16だけです。

> **◀チェックポイント▶** わる数はあまりよりも大きい（あまりはわる数よりも小さい）ことに注意しましょう。

●13日 26～27ページ

①33 ②8 ③5 ④4 ⑤2

1 (1)25個 (2)8個

2 (1)10個 (2)3個 (3)16個 (4)8個

3 2，3，5，7，11，13，17，19，23，29

4 (1)6まい (2)129さつ

解き方

1 (1)200÷8=25より，25個

(2)6と8の最小公倍数は24なので，200÷24=8あまり8より，8個

2 (1)1，2，3，4，6，8，12，16，24，48の10個です。

(2)1，7，49の3個です。

(3)1，2，3，4，5，6，8，10，12，15，20，24，30，40，60，120の16個です。

(4)48と120の最大公約数は24なので，1，2，3，4，6，8，12，24の8個です。

> **◀チェックポイント▶** 16(=4×4)のように，同じ整数を2個かけてできる数を平方数といいます。平方数の約数の個数は奇数になります。

3 1は素数ではありません。また，2以外の素数はすべて奇数です。

4 (1)1～100までに12の倍数は12，24，36，48，60，72，84，96の8個あるが，このうち36と72の2個は9の倍数なので，2等賞は8−2=6(まい)

(2)9の倍数は，9，18，27，36，45，54，

63，72，81，90，99の11個あるが，このうち36と72の2個は12の倍数なので，3等賞は11−2=9(まい)，9と12の公倍数は，36，72の2個なので，1等賞は2まい。よって，はずれは
100−(2+6+9)=83(まい)
あります。したがって，必要なノートの数は
5×2+3×6+2×9+1×83=129(さつ)

●14日 28～29ページ

1 (1)24，48，72，96，120
(2)1，2，4，8，16，32，64
(3)120，240，360
(4)1，2，4，8
(5)83，89，97

2 (1)14 (2)1

3 (1)75 (2)180

4 (1)33個 (2)26個

5 (1)8 m (2)24本

6 (1)7 (2)1，5，7，11

解き方

1 (3)24と40の最小公倍数は120だから，120の倍数を小さい順に3つ書きます。

(4)24と40の最大公約数は8だから，8の約数を書きます。

(5)奇数のうち，81(=9×9)，85(=5×17)，87(=3×29)，91(=7×13)，93(=3×31)，95(=5×19)，99(=3×3×11)は素数ではありません。

2 (2)18の約数は1，2，3，6，9，18で，35の約数は1，5，7，35だから，公約数は1だけです。したがって，1が最大公約数です。

4 (1)3の倍数は1から200までに
200÷3=66あまり2
より66個，1から99までに
99÷3=33
より33個あるので，100から200までの3の倍数は，66−33=33(個)あります。

(2)4の倍数は1から200までに
200÷4=50
より50個，1から99までに
99÷4=24あまり3

より 24 個あるので，100 から 200 までの 4
の倍数は，50−24＝26（個）あります。

⑤ (1)4 つの角に木を植えることより，木と木の間
かくは 40 と 56 の公約数で，間かくが長いほ
ど木の本数は少なくなるので，40 と 56 の最
大公約数の 8 m にします。
(2)土地のまわりの長さは
(40＋56)×2＝192(m)
だから，8 m おきに木を植えると，木の本数
は 192÷8＝24(本)になります。

⑥ (1)(63，28)→(35，28)→(7，28)→
(7，21)→(7，14)→(7，7)となります。
このそうさで最後に同じになる数は，はじめの
2 つの数の最大公約数になります。
(2)1 から 11 の数の中から，12 との最大公約数
が 1 になる数を考えて，□＝1，5，7，11

●15日 30〜31 ページ
①G ②DA ③6 ④B ⑤65
[1] (1)頂点 E (2)10 cm (3)105°
[2] ⑦と⑦，⑦と⑦，⑦と⑦
[3] (1)○ (2)○ (3)×

| 解 き 方 |

[1] 図形の向きをそろえると次のようになります。

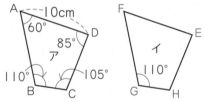

(2)辺 EF に対応する辺は辺 DA だから，10 cm
(3)角 H に対応する角は角 C だから，105°

◀チェックポイント▶ 対応する辺は対応する頂点の
順に書きます。

[3] (1)，(2)は合同な三角形に分けることができます
が，(3)はできません。

(1)    (2)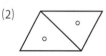

(3)

●16日 32〜33 ページ
①60 ②7 ③6.2
[1] (1)(例)

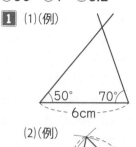

(2)(例)

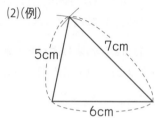

[2]

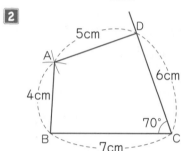

[3] (1)○ (2)× (3)○ (4)×

| 解 き 方 |

[1] 解答の図は例で，うら返ったり，向きがちがっ
ていても正解です。
(1)① 6 cm の直線をかきます。②その両はしから，
それぞれ分度器で 50° と 70° の角をつくる直
線をかき，交わったところが三角形の頂点にな
ります。
(2)① 6 cm の直線をかきます。②その両はしを中
心に，それぞれ半径 5 cm と半径 7 cm の円を
かきます。③ 2 つの円が交わったところが三
角形の頂点になります。

[2] ① 7 cm の直線 BC をかきます。②分度器で，
頂点 C から 70° の角をつくる直線をかきます。
③頂点 C から 6 cm の点 D をとります。④頂
点 B を中心に半径 4 cm の円，頂点 D を中心
に半径 5 cm の円をかき，交わった点が頂点 A
になります。ただし，2 つの円の交わった点の
もう一方を頂点 A とすると，合同な四角形に
ならないことに注意します。

[3] (1)合同な 2 つの図形は，形も大きさも同じで

ぴったりと重なるので，同じ面積です。

(2)たとえば，底辺が 8 cm で高さが 3 cm の三角形と，底辺が 6 cm で高さが 4 cm の三角形は，どちらも面積は 12 cm² ですが，形がちがうので合同ではありません。

(3)正方形は面積が等しければ 1 辺の長さも等しいので，合同です。

(4)8 cm の辺の両はしを中心に半径 3 cm の円と半径 4 cm の円をかいても，2 つの円が交わらないので，三角形はかくことができません。

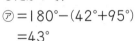 三角形の 1 つの辺の長さが他の 2 つの辺の長さの和と等しくなったり，それより大きくなることはありません。

●**17日** 34 ～ 35 ページ

①ⓔ　②60　③75　④90　⑤32

1 (1)27°　(2)55°

2 (1)60°　(2)43°

3 (1)69°　(2)31°

4 (1)105°　(2)65°

解 き 方

1 (1)⑦＝180°−(43°+110°)＝27°

(2)⑦＝180°−(90°+35°)＝55°

別解　直角三角形では，直角以外の 2 つの角の和は 90° なので，90°−35°＝55° と求めるとかんたんです。

2 (1)正三角形は 3 つの角がすべて同じ大きさなので，その 1 つの角の大きさは，
⑦＝180°÷3＝60°

(2)右の図で，⑦の角の大きさは，
180°−85°＝95°
したがって，
⑦＝180°−(42°+95°)
　　＝43°

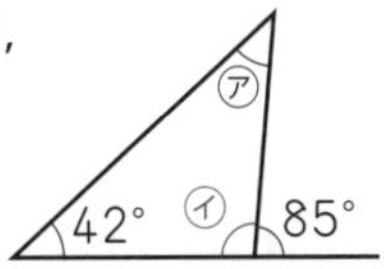

 右の図のように，三角形の 2 つの角の大きさの和は，もう 1 つの角の外側の角（外角といいます）の大きさになります。このことを利用すると，
⑦+42°＝85° より，⑦＝85°−42°＝43° とかんたんに求めることができます。

3 (1)左側の三角形で，
⑦＝180°−(36°+75°)＝69°

(2)右側の三角形で，角⑦と向かい合っている角の大きさも 69° だから，
⑦＝180°−(69°+80°)＝31°

4 (1)右の図で，
⑦＝180°−(45°+30°)
　　＝105°

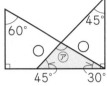

(2)右の図で，
⑦＝60°−40°＝20°
だから，
⑦＝90°−20°＝70°
したがって，
⑦＝180°−(45°+70°)
　　＝65°

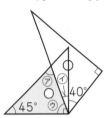

 三角定規の角の大きさはそれぞれ決まっています。

●**18日** 36 ～ 37 ページ

①65　②50　③140　④20

1 (1)36°　(2)38°

2 (1)45°　(2)82°

3 32°

4 (1)46°　(2)28°

解 き 方

1 (1)⑦＝180°−72°×2＝36°

(2)⑦＝(180°−104°)÷2＝38°

2 (1)⑦＝(180°−90°)÷2＝45°

(2)右の図で，
⑦＝180°−41°×2＝98°
より，
⑦＝180°−98°＝82°

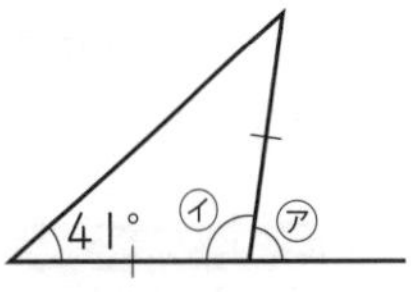

別解　35 ページの **2** の チェックポイント より，
⑦＝41°+41°＝82° と求めることもできます。

3 右の図で，⑦
＝180°−37°×2
＝106° より，
⑦＝180°−106°
　　＝74°
したがって，⑦＝180°−74°×2＝32°

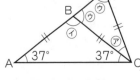

4 (1)三角形 ABC は二等辺三角形だから，下の図で，⑦＝180°－(39°＋23°)×2＝56°

三角形 ABD は二等辺三角形だから，

⑦＋⑨＝180°－39°×2＝102°

したがって，⑦＝102°－56°＝46°

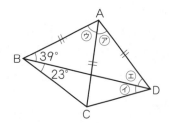

(2)三角形 ACD は二等辺三角形だから，上の図で，

⑦＋④＝(180°－46°)÷2＝67°

⑤＝39° より，⑦＝67°－39°＝28°

●**19日** 38～39 ページ

①180　②360　③90　④130　⑤80　⑥67

1 65°

2 (1)67°　(2)61°

3 (1)115°　(2)108°

4 540°

5 135°

解き方

1 ⑦＝360°－(78°＋134°＋83°)＝65°

2 (1)180°－95°＝85° より，

⑦＝360°－(100°＋108°＋85°)＝67°

(2)180°－47°＝133°，180°－104°＝76° より，

⑦＝360°－(90°＋133°＋76°)＝61°

3 (1)平行四辺形の向かい合った角の大きさは等しいから，⑦＝(360°－65°×2)÷2＝115°

(2)ひし形の向かい合った角の大きさも等しいから，

⑦＝(360°－72°×2)÷2＝108°

┌─**チェックポイント**─┐　平行四辺形では，となり合う２つの角の和は 180° になります。ひし形は平行四辺形の特別な場合なので，同じように，となり合う２つの角の和が 180° になります。

4 右の図で，３つの○，３つの●，３つの×の和はそれぞれ 180° だから，五角形の５つの角の和は，180°×3＝540°

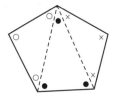

┌─**チェックポイント**─┐　同じようにして，六角形は４つの三角形に分けることができるので，六角形の６つの角の和は 180°×4＝720° になります。

5 五角形の５つの角の和は 540° なので，

⑦＝540°－(95°＋112°＋88°＋110°)

＝135°

●**20日** 40～41 ページ

1 (1)100°　(2)32°　(3)138°　(4)79°

2 (1)93°　(2)10 cm

3 (1)68°　(2)24°

4 32°

5 900°

6

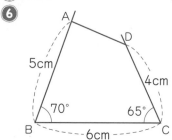

解き方

1 (1)180°－(25°＋75°)＝80°

⑦＝180°－80°＝100°

(2)下の図の右側の三角形で，

④＝180°－(58°＋60°)＝62° より，左側の三角形で，⑦＝180°－(86°＋62°)＝32°

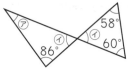

(3)⑦＝360°－(90°＋70°＋62°)＝138°

(4)180°－66°＝114°，180°－85°＝95° より，

⑦＝360°－(72°＋114°＋95°)＝79°

2 (1)角 E に対応する角は角 C だから，93°

(2)辺 FG に対応する辺は辺 DA だから，10 cm

3 (1)AB＝AC だから，

⑦＝(180°－44°)÷2

＝68°

(2)⑦＝68° より，

⑨＝180°－68°

＝112°

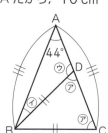

したがって，
⑦＝180°－（44°＋112°）＝24°

④ 下の図で，④＝116°だから，
⑦＝（180°－116°）÷2＝32°
平行線の性質より，角⑦と角⑦の大きさは等し
いから，⑦＝32°

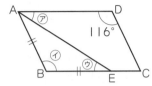

⑤ 七角形は1つの頂点からひいた対角線で5つ
の三角形に分けることができるので，七角形の
7つの角の和は，
180°×5＝900°

⑥ ①6cmの直線BCをかきます。②分度器で，
頂点Bから70°の角をつくる直線をかきます。
③頂点Bから5cmの点Aをとります。④分
度器で，頂点Cから65°の角をつくる直線を
かきます。⑤頂点Cから4cmの点Dをとり
ます。⑥AとDを結びます。

●21日 42～43ページ
①425 ②5 ③85
1 82点
2 163.1 cm
3 3点
4 61g
5 7.4人
6 (1)135点 (2)11人
解き方
1 4教科の合計点は，
75＋85＋92＋76＝328（点）
だから，これを教科の数の4でわって，4教
科の平均点は，
328÷4＝82（点）
2 5人の身長の合計は，
160.4＋154.7＋166.2＋163.8＋170.4
＝815.5（cm）
だから，これを人数の5でわって，5人の身
長の平均は，
815.5÷5＝163.1（cm）

3 8試合の得点の合計は，
3＋5＋1＋1＋0＋6＋5＋3＝24（点）だから，
これを試合の数の8でわって，8試合の得点
の平均は，24÷8＝3（点）

◀チェックポイント▶ 8試合の平均の得点だから，
0点の試合も数にふくめて考えます。

4 合計が366gだから，366÷6＝61（g）
5 グラフから5日間のわすれものをした人の数
をそれぞれ読み取ると，5日間の合計が，
11＋6＋5＋8＋7＝37（人）とわかります。
したがって，1日平均にすると，
37÷5＝7.4（人）

◀チェックポイント▶ 人数や個数など小数で表すこ
とができないものも，平均では小数で表すこと
ができます。

6 (1)0×0＋1×0＋2×1＋3×0＋4×2＋5×4＋6
×2＋7×2＋8×4＋9×3＋10×2＝135（点）
(2)平均点は135÷20＝6.75（点）だから，7点，
8点，9点，10点の人が平均点以上といえます。
したがって，2＋4＋3＋2＝11（人）

●22日 44～45ページ
①50 ②5500 ③240 ④8
1 490ページ
2 25個
3 (1)1446点 (2)73.5点
4 18点
5 (1)336点 (2)90点
解き方
1 合計＝平均×個数 で求めます。
2週間は14日だから，
35×14＝490（ページ）
2 個数＝合計÷平均 で求めます。
1.6kg＝1600gより，
1600÷64＝25（個）
3 (1)72.3×20＝1446（点）
(2)女子16人の得点の合計は，
75×16＝1200（点）
だから，クラス全員の得点の合計は，

1446+1200=2646（点）
したがって，平均点は
2646÷(20+16)=73.5（点）

◆チェックポイント 男子と女子の人数がちがうので，(72.3+75)÷2 では求められません。注意しましょう。

4 4回の平均点を16点以上にするためには，4回の合計点を16×4=64（点）以上にしなければなりません。これまで3回の得点の合計は，14+17+15=46（点）だから，4回目のテストで64-46=18（点）以上とる必要があります。

5 (1)84×4=336（点）
(2)1回目から6回目までの合計点は，86×6=516（点）だから，5回目と6回目の得点の合計は，516-336=180（点）
したがって，5回目と6回目の平均点は，180÷2=90（点）

●23日 46～47ページ

①36 ②0.15 ③30 ④150 ⑤0.2 ⑥A

1 (1)約6.7kg (2)ぼうA

2 東小学校

3 コピー機B

4 (1)120円 (2)14km (3)約8.6円

解き方

1 (1)20÷3=6.66…より，約6.7kgです。
(2)同じように，ぼうBの1mあたりの重さは，13÷2=6.5（kg）より，ぼうAの方が重いといえます。

2 東小学校の児童1人あたりの運動場の面積は，3220÷350=9.2（m²）
西小学校の児童1人あたりの運動場の面積は，3780÷420=9（m²）
よって，東小学校の方が広いといえます。

3 1秒あたり何まいコピーできるかを計算します。6分40秒=400秒だから，コピー機Aは300÷400=0.75（まい）
8分20秒=500秒だから，コピー機Bは400÷500=0.8（まい）
よって，コピー機Bの方がはやいといえます。

4 (1)3000÷25=120（円）です。
(2)25Lで350km走るから，350÷25=14（km）
(3)3000円分のガソリンで350km走るから，3000÷350=8.57…より，約8.6円

●24日 48～49ページ

①380000 ②334 ③4665 ④1900
⑤8863500

1 (1)A村…250人，B村…400人 (2)340人

2 ア…3150，イ…160000

3 (1)7.85g (2)約2.4倍

4 (1)19000円 (2)70円

解き方

1 (1)A村の人口密度は，3000÷12=250（人）
B村の人口密度は，7200÷18=400（人）
(2)合ぺいすると，面積が12+18=30（km²），人口が3000+7200=10200（人）になるので，人口密度は，10200÷30=340（人）

◆チェックポイント A村とB村の人口密度をたして，250+400=650（人）としてはいけません。

2 アにあてはまる数は，126000÷40=3150
イにあてはまる数は，6400×25=160000

3 (1)314÷40=7.85（g）
(2)金1cm³あたりの重さは，48÷2.5=19.2（g）だから，鉄と比べると，19.2÷7.85=2.44…より，約2.4倍の重さになります。

4 (1)250まいのうち，100まいまでの料金は10000円です。残りの150まいについては1まいあたり60円だから，60×150=9000（円）かかります。したがって，料金は全部で，10000+9000=19000（円）
(2)400まいのうち，100まいまでの料金は10000円です。残りの300まいについては1まいあたり60円だから，60×300=18000（円）かかります。したがって，料金は全部で，10000+18000=28000（円）になり，1まいあたりの費用は，28000÷400=70（円）

●25日 50〜51ページ

① (1)12 km　(2)ア

② (1)71.1 cm　(2)約850 m

③ (1)約125人　(2)山口県

④ 約7.8 g

⑤ (1)2743.2 cm　(2)151.9 cm

解き方

① (1)540÷45=12(km)です。

(2)同じようにガソリン1Lあたりで走ることのできるきょりを計算すると、

アは 200÷10=20(km)、

イは 320÷20=16(km)、

エは 225÷15=15(km)

なので、もっとも長いきょりを走る自動車はアです。

② (1)5回の平均を単位をcmにして求めると、

(714+704+715+710+712)÷5

=711(cm)

これは10歩で進むきょりの平均なので、

1歩の歩はばの平均は、711÷10=71.1(cm)

(2)71.1×1200=85320(cm)より853.2m

上から2けたのがい数で表すと約850mになります。

③ (1)1160000÷9300=124.7…より、四捨五入して整数で求めると約125人になります。

(2)同じように人口密度を四捨五入して整数で求めると、山梨県が

860000÷4500=191.1…

より約191人、山口県が

1450000÷6100=237.7…

より約238人となり、同じ面積あたりの人口がいちばん多いのは山口県です。

④ 1辺8cmの立方体の体積は、

8×8×8=512(cm³)

だから、1cm³あたりの重さは、

4000÷512=7.8125(g)より、約7.8 gです。

⑤ (1)152.4×18=2743.2(cm)

(2)クラス全体の身長の合計は、

152.2×(18+12)=4566(cm)だから、女子12人の身長の合計は、

4566−2743.2=1822.8(cm)

これより、女子の身長の平均は、

1822.8÷12=151.9(cm)

●26日 52〜53ページ

①12　②15　③2　④3　⑤3　⑥○　⑦27

① (1)(左から順に)120、180、240、300、360

(2)比例します

② (1)(左から順に)12、24、36、48、60、72

(2)12×□=○

(3)144 cm³

解き方

① (1)えん筆の代金は、1本のねだん×本数 だから、

60×2、60×3、……と順に求めます。

(2)(1)の表から、えん筆の本数が2倍、3倍、……になるとえん筆の代金も2倍、3倍、……になっていることがわかります。

② (1)直方体の体積=たて×横×高さ だから、

3×4×1、3×4×2 と順に求めます。

(2)3×4×□=○だから、12×□=○

(3)(2)の式の□に12をあてはめて、

12×12=144(cm³)

●27日 54〜55ページ

①9　②11　③2　④□　⑤○　⑥2　⑦21

① (1)ア…13、イ…16　(2)比例しません

(3)4+3×(□−1)=○ または 1+3×□=○

(4)37本

解き方

① (1)正方形の数が1個増えると、必要なひごの本数は3本増えます。よって、ア=10+3=13、イ=13+3=16

(2)正方形の数が2倍、3倍、……になっても、ひごの本数は2倍、3倍、……になっていません。

(3)正方形の数が3個のとき、

4+3+3=4+3×2=4+3×(3−1)=10

正方形の数が4個のとき、

4+3+3+3=4+3×3=4+3×(4−1)=13

よって、正方形の数が□個のとき、

4+3×(□−1)=○

別解 正方形の数が3個のとき、

1+3+3+3=1+3×3=10

正方形の数が 4 個のとき，
1+3+3+3+3=1+3×4=13
と考えることもできるので，
1+3×□＝○
(4) (3)の式の□に 12 をあてはめて，
4+3×(12−1)=37(本)

●28日 56〜57 ページ
①16　②32　③2　④64　⑤128　⑥256
1　(1)ア…4，イ…16　(2)49 個　(3)14 cm
解き方
1　(1)1 辺が 5 cm のとき，下のようになります。

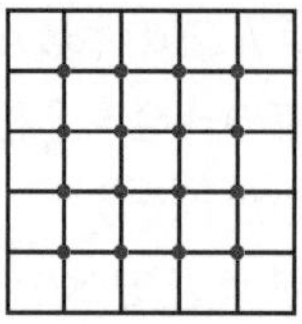

(2)点の数は，
　　1 辺 2 cm の正方形のとき 1×1=1 (個)，
　　1 辺 3 cm の正方形のとき 2×2=4 (個)，
　　1 辺 4 cm の正方形のとき 3×3=9 (個)と，
　　1 辺□ cm の正方形のとき，
　　(□−1)×(□−1)個になっていることがわか
　　ります。したがって，1 辺 8 cm の正方形では
　　7×7=49(個)になります。
(3)169=13×13 だから，1 辺が 14 cm の正方
　　形です。

●29日 58〜59 ページ
①4　②3　③6　④1　⑤4　⑥64　⑦512
⑧1024　⑨11
1　(1)(左から順に)1，4，9，16
　　(2)100
2　(1)15　(2)1296
解き方
1　(2)(1)より，
　　2 番目の数字の和 4=2×2，
　　3 番目の数字の和 9=3×3，
　　4 番目の数字の和 16=4×4 と
　　(数字の和)＝(図形の順番)×(図形の順番)
　　になっていることがわかるので，10 番目の数
　　字の和は 10×10=100 です。

2　(1)1+2+3+4+5=15 です。
　　(2)2 番目の図形で，いちばん上の横一列にならん
　　　だ数字の和は 1+2=3，書かれているすべて
　　　の数字の和は 1+2+2+4=9 で，9=3×3 の
　　　関係が成り立っています。3 番目の図形でも，
　　　1+2+3=6，1+2+3+2+4+6+3+6+9
　　　=36 となり，36=6×6 の関係が成り立って
　　　います。つまり，いちばん上の横一列にならん
　　　だ数字の和が□のとき，書かれているすべての
　　　数字の和は，□×□になっていると考えられ
　　　ます。これは 4 番目の図形でもいえます。こ
　　　のことから，8 番目の図形の中に書かれている
　　　数字の和は，いちばん上の横一列にならんだ数
　　　字の和が 1+2+3+4+5+6+7+8=36 にな
　　　ることから，36×36=1296 です。

●30日 60〜61 ページ
1　(1)(左から順に)3，6，9，12，15，18，21，24
　　(2)横の長さを 2 倍，3 倍，……すると，面積
　　　も 2 倍，3 倍，……になるので，面積は横
　　　の長さに比例しています。
2　(1)21 本　(2)51 本
3　(1)36 cm²　(2)32 cm
4　(1)225　(2)10
解き方
1　(1)長方形の面積＝たて×横 より，
　　3×1，3×2，3×3，……と順に求めます。
2　(1)最初の 1 個を作るのにひごが 6 本，2 個目
　　　からは必要なひごの本数が 5 本ずつ増えてい
　　　きます。六角形を 4 個作るときは，
　　　6+5+5+5=6+5×3=21(本)使います。
　　(2)同じように，六角形を 10 個作るときは，
　　　6+5×9=51(本)使います。
3　(1)1+2+3+4+5+6+7+8=36 (cm²)です。
　　(2)まわりの長さは，1 番目が 4cm (=1×4)，2 番
　　　目が 8 cm (=2×4)，3 番目が 12 cm (=3×4)，
　　　4 番目が 16 cm (=4×4)と
　　　(何番目の数)×4
　　　になっているので，8 番目は 8×4=32 (cm)
　　　です。
　　別解　8 番目の図形は次の図 1 のようになり，

図１の赤線（―）の長さの合計と太線（｜）の長さの合計は，それぞれ図２の正方形の１辺の長さと等しいので，８番目の図形のまわりの長さは，１辺が８cmの正方形のまわりの長さと同じです。

（図１）　　　　　　（図２）

④ (1)各だんの数字の和を調べると，
１だん目が１（＝１×１），
２だん目が４（＝２×２），
３だん目が９（＝３×３），
４だん目が16（＝４×４），
５だん目が25（＝５×５）
と（何だん目の数）×（何だん目の数）になっているので，15だん目の数字の和は15×15＝225
(2)各だんにならんでいる数字の数は，
１だん目が１個（＝１×２－１），
２だん目が３個（＝２×２－１），
３だん目が５個（＝３×２－１），
４だん目が７個（＝４×２－１）
と（何だん目の数）×２－１
になっているので15だん目には
15×２－１＝29（個）
の数字がならんでいます。左から20番目の数字は右から数えると10番目です。したがって，その数字は10です。

●進級テスト 62〜64 ページ
① (1)50.05 cm²　(2)3.5　(3)12　(4)720°
② (1)576 cm³　(2)736 cm³
③ 96 まい
④ (1)25°　(2)73°
⑤ (1)78 点　(2)75 点
⑥ (1)62.5 cm³　(2)240 km
⑦ 7.5 cm
⑧ 82 cm

【解き方】
① (1)5.5×9.1＝50.05（cm²）
(2)ある小数を□とすると，5.6×□＝8.96となっ

たことから，□＝8.96÷5.6＝1.6
よって，5.6÷1.6＝3.5
(3)36の約数は，1，2，3，4，6，9，12，18，36で，48の約数は1，2，3，4，6，8，12，16，24，48だから，最大公約数は12です。
(4)六角形の６つの角の和は三角形４つ分の角の和だから，180°×４＝720°

② (1)大きい直方体の体積から，１辺の長さが４cmの立方体の体積をひきます。
8×10×8－4×4×4
＝640－64＝576（cm³）
(2)大きい直方体の体積から，欠けている２つの直方体の体積をひきます。
16×16×4－(6×4×4＋6×8×4)
＝1024－(96＋192)＝736（cm³）

③ 正方形の１辺は12と８の公倍数（＝24の倍数）になります。１辺が24cmになるときは長方形の紙をたてに２まい，横に３まいならべるので，2×3＝6（まい）必要です。１辺が48cmになるときは長方形の紙をたてに４まい，横に６まいならべるので，4×6＝24（まい）必要です。１辺が72cmになるときは長方形の紙をたてに６まい，横に９まいならべるので，6×9＝54（まい）必要です。１辺が96cmのときは長方形の紙をたてに８まい，横に12まいならべるので，8×12＝96（まい）必要です。長方形の紙は100まいしかないので，これ以上大きい正方形を作ることはできません。

④ (1)180°－(70°＋45°)＝65°
㋐＝180°－(90°＋65°)＝25°
(2)辺ADと辺BCは平行だから，下の図で，
㋑＝34°
また，三角形DAEは二等辺三角形なので，
㋒＝(180°－34°)÷2＝73°
平行線の性質より，角㋐と角㋒の大きさは等しいから，㋐＝73°

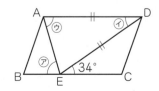

5 (1) 6回の平均点が80点だから，6回の合計点
は80×6=480(点)
したがって，5回目までの合計点は
480−90=390(点)とわかります。よって，
5回目までの平均点は390÷5=78(点)

(2) 6回目のテストの点数が60点だったとすると，
6回の合計点が390+60=450(点)になるの
で，6回の平均点は450÷6=75(点)になり
ます。

6 (1) 20L=20000cm³だから，
20000÷320=62.5(cm³)です。

(2) 自動車Aは1Lのガソリンで
350÷25=14(km)走るので，自動車Aが

210km走るのに必要なガソリンは，
210÷14=15(L)
自動車Bは1Lのガソリンで
320÷20=16(km)走るので，15Lでは
16×15=240(km)走ります。

7 1dL=100cm³だから，10.5dLは
10.5×100=1050(cm³)
水が入る部分のたては12−2=10(cm)，横
は16−2=14(cm)より，
1050÷(10×14)=7.5(cm)

8 20番目の図形は，たてが20cm，横が21cm
の長方形なので，まわりの長さは，
(20+21)×2=82(cm)